과학은
흐른다

그린이 **신영희**는 회화를 공부했고 인형과 아이, 순정만화를 좋아합니다. 글쓴이 **정혜용**은 철학을 공부했고 민속과 여행에 관심이 많습니다. 두 사람은 '우리만화연대' 회원으로 만나서 1995년부터 「무적의 동창생들」(여자와닷컴), 「연두네 집」(녹색소비자연대 소식지) 등 여러 만화를 인쇄물과 웹진에 함께 연재했습니다. 1999년 과학문화 포털사이트 '사이언스올'에 「만화로 보는 과학문명사」를 연재하기 시작하여 2004년 『과학은 흐른다』라는 이름으로 처음 책을 펴냈습니다.

감수자 **박성래** 선생님은 서울대 물리학과를 졸업하고 미국 캔자스대학 사학과에서 석사를, 미국 하와이대학에서 역사학 박사 학위를 받았습니다. 한국과학사학회 회장, 문화재 전문위원, 국사편찬위원회 위원, 중앙교육위원회 심의위원, 한국외국어대 명예교수로 있습니다. 『한국인의 과학 정신』『민족 과학의 뿌리를 찾아서』『한국사에도 과학이 있는가』『이야기 과학사』『재미있는 과학 이야기』 등의 책을 지었습니다.

2010년 4월 30일 초판 1쇄 펴냄
2013년 10월 31일 초판 2쇄 펴냄

그린이 신영희
글 정혜용
감수 박성래
펴낸곳 부키(주)
펴낸이 박윤우
등록일 2012년 9월 27일 등록번호 제312-2012-000045호
주소 120-836 서울 서대문구 신촌로3길 15 산성빌딩 6층
전화 02) 325-0846
팩스 02) 3141-4066
홈페이지 www.bookie.co.kr
이메일 webmaster@bookie.co.kr
ISBN CODE 978-89-6051-075-3 64400
        978-89-6051-072-2 (전5권)

잘못된 책은 바꿔 드립니다.
책값은 뒤표지에 있습니다.

New 과학은
흐른다

만화 신영희 | 글 정혜용 | 감수 박성래

서양 중세~르네상스 3

부·키

추천의 글

흔히 과학 기술은 어렵고 이해하기 힘들다고 생각하여 다가가기 꺼려하는 경우가 많다. 이런 편견을 없애고 일반인들이 과학 기술에 친근하게 다가갈 수 있도록 그동안 다양한 노력들이 시도되어 왔다. 과학 기술을 활용한 연극을 만든다거나 과학을 소재로 컴퓨터 게임을 개발하여 놀이로 접하는 것 등은 최근에 과학 대중화 사업에서 많이 활용하는 방식 가운데 하나이다. 과학을 소재로 흥미로운 이야기를 만들어 내는 과학 스토리텔링 작업과 과학을 알기 쉽게 그림으로 소개하는 과학의 시각화 역시 대중과 효과적으로 소통하는 좋은 방편이다.

내가 초등 교육을 받기 전에 우리 가족은 어려운 살림살이에 좀 보탬이 될까 싶어 조그마한 만화방을 운영한 적이 있다. 물론 1년도 안 되어 경영난으로 문을 닫긴 했지만 내게는 엄청나게 행복한 시절이었다. 하루 종일 방 안에 처박혀 만화에 심취할 수 있었으니 말이다. 그 바람에 유치원 갈 형편이 되지 못했던 나는 만화를 보며 한글을 깨쳤다.

내가 어렸을 때 본 만화는 주로 일본책을 번역한 것이었다. 학교 선생님이나 부모님들이 염려하던 폭력적이고 선정적인 내용도 있었지만, 그 중에는 문학 작품을 요약한 것이나 과학 기술에 관련된 유익한 것도 많았다. 과학을 소재로 한 만화 가운데 나에게 가장 커다란 영향을 준 것은 아폴로 11호의 달 착륙을 전후해서 만들어진 한 만화책이었다. 아폴로 11호는 한국 시간으로 1969년 7월 16일 발사되어 21일 달에 착륙하고 이어 다시 지구로 돌아왔는데 그 모든 과정이 전 국민에게 생중계되었다. 이 방송은 당시 최고의 시청률을 기록하면서 과학 기술에 대한 국민적 관심을 불러일으키는 데 중요한 역할을 하였다.

달에 대한 관심이 높아지면서 천문우주를 소재로 한 만화책도 등장하였다. 나는 그런 만화책으로 우주에 대한 다양한 정보를 얻을 수 있었고, 학교 신문에 아폴로 달 착륙을 기념하는 특집기사를 실을 때 천문우주에 관한 글을 써서 선생님에게 칭찬을 받았던 기억도 난다. 만화책을 통해 얻은 정보로 학교에서 과학에 소양이 있는 어린이로 인정을 받았던 것이다.

어린 시절 과학에 흥미를 느낀 나는 대학에서 물리학을 전공하였고, 나중에는 인문학에 대한 관심과 결합되어 대학에서 과학사를 강의하게 되었다. 과학사를 전공하는 내가 만화로 된 과학사 책을 접하니 불현듯 만화책으로 과학을 배우던 어린 시절이 생생하게 떠오른다.

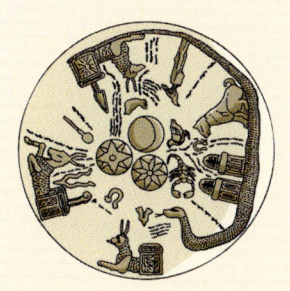

만화로 과학을 설명하면 내용이 빈약할 수 있다는 선입관을 가질 수도 있을 터이다. 하지만 제대로 기획된 만화라면 이런 우려를 상당 부분 잠재울 수 있다. 외국에서는 이미 난해한 아인슈타인의 상대성이론을 만화로 소개하는 책이 나와서 커다란 반향을 일으킨 적도 있으니 말이다. 『New 과학은 흐른다』가 소개하는 내용도 웬만한 과학사 개론서에 견주어도 손색이 없다. 이집트, 메소포타미아, 마야, 아스텍, 잉카, 그리스, 인도 등에 관한 고대 과학 기술사는 오히려 개론서 수준을 뛰어넘고 있다. 나도 과학사 개론 시간에 이렇게 자세히 고대 과학사를 다루지는 못한다.

이 책의 또 다른 장점은 과학뿐만 아니라 각 시대의 배경과 역사적 사실, 심지어는 철학적인 내용도 흥미롭게 다루고 있다는 점이다. 인문학을 전공한 사람들이 과학사 만화에 참여한 것이 장점으로 작용한 좋은 예라 할 수 있다. 과학사의 구체적인 내용도 오랜 세월 기본으로 자리 잡은 서양의 과학사 책을 참고했기 때문에 역사적 사실을 별다른 왜곡 없이 잘 소화하였다. 물론 만화라는 특성상 주로 일화가 강조되었기에 부분적으로 역사를 단순화한 측면이 있기는 하지만 이것이 과학사의 전체 흐름을 왜곡하고 있지는 않다.

만화를 보며 과학에 흥미를 느끼고 그것을 계기로 자연스레 과학을 전공하게 된 내가 만화로 된 과학사를 접하니 그 기쁨이 더욱 크다. 문득 나에게 과학사를 배운 학생들이 이 만화를 읽어 보고 강의와 비교해 보는 것도 흥미로울 것 같다는 생각이 든다. 이 책으로 과학사의 기본 상식을 갖춘다면 본격적으로 과학사를 배우는 데 무척 도움을 받을 것이다. 무엇보다 이 책은 과학사를 접하기 힘든 수많은 사람들에게 과학의 흐름을 이해하는 좋은 길잡이가 될 것이다.

2010년 4월
임경순(포스텍 인문사회학부 교수)

감수의 글

그림은 내게 두 가지 놀라움이다.

나는 초등학교 때부터 미술 시간만 되면 주눅이 들었다. '그림'을 그려 무언가를 표현한다는 사실, 이것은 지금도 가끔 내게 놀라움으로 다가온다. 또 하나는 무언가를 설명하고자 할 때 '그림'을 이용하여 전달할 수 있다는 사실이 그것이다. 평생 강의를 하면서 살아온 내게 두 번째 사실은 특히나 요원한 것이었다.

강의를 하다 보면 자주 '이 내용은 그림을 그려 설명하면 좋을 텐데…' 하고 아쉬움을 느낄 때가 많다. 그 아쉬움이 더할수록 그림을 못 그리는 것에 대한 안타까움은 커져만 갔다. 그런데 그저 시시하기 그지없는 그림이려니 생각했던 만화가 이렇게 훌륭한 교육 수단이 될 수 있다는 사실을 발견하고 더욱 놀랐다. 시대가 변하면서 만화가 점점 더 다양한 분야에서 효과적인 정보 전달 수단으로 각광받고 있다는 것을 실감한다.

이번에 『New 과학은 흐른다』를 추천하지 않을 수 없는 배경에는 이런 개인적인 감정이 밑에 깔려 있음을 고백하지 않을 수 없다.

평생을 과학사를 공부하고 가르쳐 왔지만 사실 만화로 과학사를 설명할 수 있다고는 거의 생각해 본 적이 없다. 그런데 『New 과학은 흐른다』는 방대한 과학사를 간결하고 단순한 그림으로 설명하고 있어 오히려 더 설득력 있게 다가온다.

그러면서 나는 생각한다. 21세기로 접어든 지금, 과학 기술은 더욱 맹렬한 기세로 세상을 바꿔 가고 있다. 이런 세상을 제대로 이해하기 위해서는 지식인은 모름지기 역사를 알아야 한다고 믿는다. 그 가운데서도 특히 과학 기술의 역사를 조금은 익혀 둬야 최근 몇 세기 동안 벌어진 세계사를 이해하기 쉽고, 또 앞으로의 놀라운 변화를 예측하고 적응해 갈 수 있다.

특히 한국은 근대 과학 기술의 본고장이 아니다. 우리가 역사를 어떤 식으로 해석해 보아도 근대 과학 기술은 유럽에서 시작하여 전 세계로 퍼져 나갔다는 사실을 부정할 수는 없다. 이 때문에 과학 기술을 먼저 발달시킨 서양이 세계 문명을 압도하여 세상을 그들의 지배 아래 놓아 버렸음도 우리는 인정하지 않을 수 없다. 그렇게 시작된 서양 중심의 세계화는 이제 그 꼭짓점을 지나 또 다른 세상으로 접어들기 시작하는 듯하다.

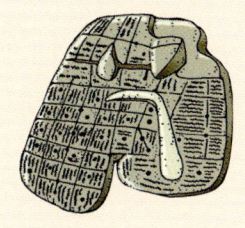

　　세계사의 이런 변화의 길목에서 한국이 앞선 나라 사이에 자리 잡아 나아갈 수 있으려면 과학 기술의 발전에 부지런해야 한다. 그러기 위해서는 원래 서양 것이던 과학 기술을 우리에게 친근한 문화로 만들려는 노력이 필요하다. 나는 오래전 '민족 과학'이란 표현을 만들어 쓴 적이 있는데 그 이유도 바로 이런 바람에서 비롯된 것이었다.

　　이번에 부키가 내는 『New 과학은 흐른다』도 그런 나의 노력의 한 갈래가 아닐까 싶다. 누구나 세계의 과학 기술사를 조금은 알게 되는 것, 그것이 개인의 발전에만 도움되는 일이 아니라 결국은 국가의 과학 기술력을 높이는 밑거름이 되기 때문이다. 이를 바탕으로 앞으로 더 복잡한 현대의 과학 기술사도 소개하는 만화가 계속 나오기를 바란다. 더불어 동아시아와 한국의 과학사를 만화로 소개하는 책도 나올 수 있다면 얼마나 좋을까 하는 생각을 해 본다.

2010년 4월
박성래(한국외국어대학교 사학과 명예교수)

책을 펴내며

　사는 건 예나 지금이나 퍽 힘든 일입니다. 사람들은 모두 배곯지 않게 먹을 것이나 따뜻이 입을 것을 구해야 했고, 고단한 몸을 누일 공간을 마련해야 했습니다. 이런 일은 하루 종일 부지런히 일하거나 돌아다녀도 쉬이 끝나지 않을 때가 많았을 겁니다. 그런 힘든 삶 속에서도 당장의 먹을 것과 입을 것을 구하는 것에 만족하지 않고, 좀 더 행복한 내일을 위해 지식을 가다듬으며 마주친 모든 삶의 조건과 싸워온 결과 우리 손에 남겨진 것이 지식과 예술일 겁니다.

　이 같은 생각을 하며 들여다보는 지식의 역사에선 땀 냄새가 납니다. 꿈을 꾸고 그것을 이루기 위해 뛰어다녔을 사람들의 가쁜 숨소리가 들리는 것 같습니다. 성공하여 아름다운 이름을 역사에 남긴 사람이건 시간의 물결에 휩쓸려 가뭇없이 사라진 무명자이건 그들은 진지하게 삶을 변화시키기 위해 노력했고, 대단히 혁신적이었을 발견과 발상을 통해 좀 더 희망적인 미래를 이끌어 낸 사람들입니다.

　이 책을 만든 작가들은 과학자들의 이런 도전에 감동하고 매혹당해서 과학이 오랜 세월 해왔으며 지금도 하고 있는 기나긴 싸움을 만화로 형상화해 보기로 마음먹었습니다. 만화를 통해 '과학의 역사'라는 흥미로운 분야를 친근하고 생생하며 폭넓게 표현해 보여 주는 것, 과학사에 관심을 가진 많은 사람에게 작가들과 같은 과학의 매력을 느끼도록 하는 것, 참 신나는 기획이었습니다.

　알면 아는 만큼 생생하게 되살아나서 자기 얘기를 해대는 과학자들과 어우러져 노는 것도 재미있었습니다. 그러나 아무리 의욕적이었더라도 이 작업은 '과학의 역사'가 위대하고 방대한 만큼 무척이나 어려웠습니다. 그 넓고 깊은 지식을 다 끌어안기에는 우리의 역량이 많이 부족했기에 내용을 이해하지 못하여 표류하거나 자료나 정보의 부족으로 방향을 잃곤 했습니다. 가끔은 중간에 그만두고 싶기도 했지요. 결국 출간에 긴 시간이 걸렸고 그 결과 『과학은 흐른다』가 부끄럽고 힘겹게 세상에 나왔습니다.

그러고서 5년이 흘렀습니다. 5년 동안 작가들은 이 책 덕분에 울고 웃었습니다. 중고등학생에서 성인까지 독자를 대상으로 한 책이었지만 만화라는 매체의 특성상 어린이들도 많이 본다는 얘기에 당황하기도 했고, 따끔한 충고와 과분한 격려도 많이 들었습니다. 특히 독자들과 만날 때 느낀 감격은 정말 특별합니다. 이 책으로 외국의 만화 축제에 초대받아 참여하기도 했고, 외국어로 이 책을 읽은 독자들과 소통하는 것은 경이로웠습니다. 외국에서 만난 이슬람권 과학사 연구자가 이 책의 이슬람 과학사 부분에 대해 칭찬해 줄 때는 만국 보편의 언어인 만화의 힘에 새삼 놀라며 감격하기도 했습니다.

지난 5년간 더 배우고 공부한 것을 바탕으로 틀린 곳을 고치고 약간의 내용을 보태어 『New 과학은 흐른다』를 내게 되었습니다. 우리는 이 책으로 다음 책을 이어 나갈 힘을 다시 얻을까 합니다. 이 책을 보는 모든 분께 큰 감사를 드립니다.

2010년 4월
정혜용 · 신영희

책을 재미있게 보려면

옛사람들과 같이 호흡해 보세요

우리가 지금 당연하게 알고 있는 자연 법칙이나 과학 공식들은 인류의 수많은 노력과 실수를 통해 발견되고 만들어진 것입니다. "어라? 이런 것도 몰랐어?"라고 웃어넘기기 전에 한 번쯤 그 시대의 사람이 되어 보세요. "아, 이때는 이런 방법을 썼구나! 머리 좋은데? 나 같으면 어떻게 풀었을까?" "으으…. 이걸 몇 년이나 붙잡고 있다니, 대단한 끈기다!" 아마 이렇게 공감하는 부분이 많아질 거예요. 이렇게 옛 시대 사람들과 같이 생각하고 느끼다 보면 어느새 과학의 발전 단계가 피부로 느껴질 겁니다.

역사 속 인물과 친해져 보세요

아리스토텔레스, 프톨레마이오스, 레오나르도 다빈치…. 이런 유명한 사람들, 이름을 들어 보기는 했는데 왜 유명해진 걸까? 이런 사람들을 백과사전에서 찾아봅니다. 그런데 빽빽하기만 한 글자들, 무슨 소리인지 잘 이해하기 어려운 내용들로 머릿속이 더 복잡해지고 맙니다. 그럴 때 이 책을 펼쳐 보세요. 여기에 나오는 과학자들은 여러분과 친해지고 싶어 하거든요. 역사 속 인물들의 친절한 설명을 들으면 딱딱하기만 했던 '○○ 법칙'이 재미있게 이해될 겁니다.

몰랐던 과학 속 이야기를 찾아보세요

중세에는 이발사가 외과 수술도 하고 심지어 해부까지 했다던데? 아라비아숫자가 사실은 인도에서 만들어진 거라며? 천 년도 훨씬 전에 이미 자동판매기를 만들었고, "유레카!"를 외치며 부력의 원리를 밝힌 아르키메데스는 지구를 들어 올릴 수 있는 방법도 생각한 괴짜 과학자였다던데….
과학사에 얽힌 이런 이야기들, 혹시 들어 보신 적 있으세요? 바로 이 안에 그런 과학사 이야기들이 실려 있답니다. 과학자들과 웃고 울 수 있는 이야기들을 찾다 보면 과학이 정말 친근하게 다가올 겁니다.

책을 알차게 보려면

문명별, 분야별로 살펴보세요

인종마다 다른 특징이 있듯이 문명도 자연환경이나 종교 등의 차이로 저마다 다릅니다. 같은 문명 안에서도 분야에 따라 발전의 차이가 있고요. 여기서는 고대 문명은 이렇게 문명별로 나눠서 특성을 구분해 놓았답니다. 고대가 지나면 과학이 좀 더 세분화되어 생물학, 물리학, 수학 등 분야별로 나눠지기 시작합니다. 이런 분야별 과학도 발달의 차이가 있어요. 이 책은 문명별, 분야별로 나눠서 특성과 차이를 설명하고 있습니다.

연표도 한 번씩 펼쳐 보세요

이 책을 보다가 갑자기 지금 읽는 부분이 인류 문명의 어느 단계인지 궁금해지신다면 한눈에 모든 단계를 볼 수 있는 연표를 펼쳐 보세요. 과학의 흐름과 인류의 역사를 같이 짚어 볼 수 있는 특별한 연표를 이 책 뒤에 만들어 놓았답니다. 인물로 찾아도 되고, 연도로 찾아도 되고, 사건으로 찾아도 되는 편리한 연표랍니다.

시대적 배경을 미리 보세요

메소포타미아 문명은 왜 점성술을 중시한 걸까? 르네상스 시대엔 왜 인본주의가 발달했을까? 책을 읽다 보면 문득 이런 의문들이 들 거예요. 그렇다면 검은 바탕 만화들을 찾아보세요. 메소포타미아 문명은 전쟁이 많아서 점성술이 발달했고, 르네상스 시대에는 왕의 권력이 교회보다 커지면서 인본주의가 발달했다는 이유가 나와 있을 거예요. 이렇게 검은 바탕의 만화에는 그 시대의 역사와 시대 상황들을 미리 알 수 있도록 짧게 요약해 놓았답니다. 시대에 대한 지식을 먼저 접하면 그 시대 과학이 훨씬 쉽게 다가옵니다.

New 과학은 흐른다 3
| 서양 중세~르네상스 |

서양 중세

종교를 위한 과학의 시대

서양 중세

5세기 말, 서로마 제국이 소수의 게르만 민족에게 점령당하면서

에쿠! 이 쬐그만 놈이…

꽈당

톡

어? 정말 쓰러지네?

지중해 전역을 지배하던 단일 국가는 사라져 버렸다.

까악

게르만 족은 비록 서로마에게 '야만족'이라고 불렸지만

우리가 왜 야만족이냐?

문자도 쓰지 않고 도시에 살지도 않으면서 문명인이라고?

혼 좀 내 주라고!

도시에 안 살았다 뿐이지 우리도 문명이 있었다, 뭐.

농사도 짓고 도자기, 철제 무기도 만들었는데 야만족이라니!

잦은 교류로 로마 문명과 친숙했고

로마의 국교였던 기독교를 따라 우리도 거의 종교를 바꿀 정도였다고.

로마 문명을 존중했으며 행정조직 등 많은 것을 이어받으려 했다.

로마! 힘 세고 멋진 나라였잖아. 비록 우리가 멸망시켰지만

때릴 땐 언제고 변덕은…

난 특히 저 독수리 깃발이 맘에 들어. 우리도 저걸 쓰면 멋져 보일까?

기독교와 중세 전기의 과학

392년 로마의 국교로 정해진 기독교는

흐흐…
기대하시라,
나의 활약을….

중세에 접어들면서 모든 사람들의 삶과 가치관에 엄청난 영향을 끼쳤다.

신의 뜻대로….

신의 은총이

신께 기도를….

더구나 학문은 사회의 가치관에 따라 선택되는 것이어서

난 통과!

넌 너무 길어서 못 들어와!

과학 또한 기독교의 기준으로 평가받을 수밖에 없었다.

이게 무슨 소리야, 에잇!

뿌가

지구가 둥글다는 얘기는 성서와 어긋난다고!

세계라는 건 이렇게 예루살렘을 중심으로 한 둥글고 납작한 땅덩어리란 말이야. 암, 그렇고 말고!

아시아

예루살렘

유럽

아프리카

이런 분위기이다 보니 사람들은 일반 학문을 세속적이라며 무시했다.

온 정신을 영혼 구원에 집중해도 모자라는데 무슨 학문을 해?

우리 인도랑 증상이 비슷한 거 같지?

더구나 그리스의 인본주의를 바탕으로 했기 때문에 과학은

이교의 학문이야

인간이 만든 과학으로 우주의 참된 진리를 밝혀낼 수 있다고…? 이렇게 불경스러울 수가!

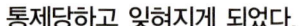

통제당하고 잊혀지게 되었다.

이교의 학문은 기독교인의 영혼에 해를 주니 건드리지 말도록 하라.

쾅

사전심의 불가판정

상황이 이렇게 되자 과학자들은 자신들의 연구를 합리화해야 했다.

고럼요, 고럼요. 세계는 신께서 창조하신 것이지요. 물론입네다!

그러니 위대하신 신을 찬양하기 위해서도 이 세계를 연구해야 하지 않을까요?

나도 신의 전능과 지혜를 밝히는 것에 찬성하는도다.

몇몇 성직자도 그 생각을 거들었다.

성 아우구스티누스 (354~430)

아우구스티누스는 과학을 연구하진 않았지만

그렇지요!

신께서 하신 창조 행위는 근본적으로 선하시도다. 그렇지 않은가?

기독교 신앙의 테두리 안에 과학의 자리를 마련해 주었다.

그러므로 창조물에 대한 연구도 선할 수밖에 없도다. 할렐루야!

하지만 그는 무엇보다 신앙을 우선시했고

그럼…, 이제 마음 놓고 연구해도 되는 거야?

그렇지만 일단 교회를 위한 봉사부터 해 보는 게 좋겠도다!

실용적인 과학에만 관심을 가지는 것으로

부활절을 정하는 규칙을 찾아라!

전염병 같은 문제가 일어났을 때의 해결 방안을 찾는 건 어떠한고?

중세 과학의 위치를 자리매김했다.

똑바로 못하느냐?

젠장! 만날 이것저것 심부름만 시키고, 제대로 된 연구는 언제 하라고!

수도자 비드 또한 과학에 관심을 가진 자로

비드
(672~735)

베네딕트 수도회의 일원이었던 그는

우리 선생님은 비스콥★이라는 분이셨는데

여러 나라 학자들을 초청해 토론하는 걸 좋아했거든. 덕분에 우리 수도원이 문화의 중심지 역할을 했지.

당시로는 드물게 많은 참고 서적을 접할 수 있었다고 한다.

★ 비스콥−성 베네딕투스 비스콥. 비드가 자란 수도원의 대수도원장.

비드는 많은 책을 썼는데, 반은 성서 해설서였고

나머지는 수도원 학교에서 가르치는 데 필요한 내용을 담고 있었다.

이런 책 안에 과학에 대한 것도 가끔 다루었거든. 뭐가 있었냐 하면….

비드는 서양 사람 중에 처음으로 달의 주기를 응용해 달력을 만들었고

그래서 매번 한 달의 길이가 29.53일로 같은 태음력을 찾아봤더니

태음월 235개월의 날짜와 태양월 228개월의 날짜가 6939일로 일치하는 거야. 그래서 이걸 년 수로 쪼개 봤더니 둘 다 19년에 태음월이 7개월이 남더군.

태양의 1주기는 365.25일이라서 4년이 지나면 하루씩 달력과 계절이 차이 나는 건 알지?

→ 13개월(태음월)로 된 1년

그런데 태양력은 한 달의 길이도 매번 다르니 윤날 넣기가 더 힘들다고.

→ 12개월(태음월)로 된 1년

그래서 윤달이 더해진 13개월짜리 7년과 12개월짜리 12년을 섞어 19년짜리 주기를 만들면 계절과 크게 달라지지 않는 달력이 나온다 이 말씀이야!

→ 365.25일로 된 1년(태양월)

태음월 235개월(19년)=6939일 = 태양월 228개월(19년)=6939일

532년 주기의 날짜표를 만들기도 했다.

정확한 부활절 날짜를 찾아내기 위해서 였거든.

비드는 예수 탄생일을 처음 날짜의 기준으로 사용했고

이 기준은 이제 AD(Anno Domini, 주님의 해)라는 표시로 전 세계에서 사용하고 있지. 한국에서는 '서기'라고도 한다지?

AD

조류(潮流)에도 관심을 가졌다.

흠…, 만조 시간은 지역에 따라 달라지는군.

그러나 비드에게 과학은 아주 작은 부분에 지나지 않았다.

그나마도 성서에 나온 것들뿐이었지 뭐유.

이것이 당시 대부분의 학자들 모습이었다는 것을 생각하면

그래도 우리는 좀 더 깨어 있는 지식인이었다니까 그러네.

하모

중세 전기의 몇 백 년 동안 과학의 발전이 없었다는 사실이 이해가 될 것이다.

당신도 우물 안 개구리야?

그 밖에 중세 전기에 동식물의 지식을 다룬 책이 몇 권 있었지만

피지올로구스
(자연학자)

교과서로 보기엔 주관적이었고

이크! 여기에 웬 상상화들이 실려 있지?

신앙 보급과 도덕 교화를 위한 성격이 더 강했다.

펠리컨은 신앙심의 상징이야. 펠리컨이 새끼에게 먹이를 먹일 때 제 몸에 상처를 내는데, 이건 모든 죄인을 위하여 피를 흘린 예수님하고 똑같거든.

또… 늑대는 양을 해치는 놈이지. 말하자면 우리 신자를 해치는 사탄을 상징하는 거란 말이지.

과학의 제자리걸음은 12세기에 이슬람에서 그리스 학문이 도입될 때까지 계속됐다.

어이~ 이것 좀 봐!

그리스 학문의 재발견

600년 동안 잊혀졌던 그리스 학문을
다시 발견하게 되는 시기는 11세기 초였으며

에스파냐와 시칠리아
지역의 이슬람 세력을
몰아내면서부터지요.

이슬람 어를 하는 사람도 많았고,
문화도 익숙했기 때문에
번역이 활발하게 시작된 거죠.

이슬람 어

이슬람 어

뭐, 워낙에 이슬람에
동화된 사람들이
많이 살던 곳들이라

초기의 대표적 번역가로는 제라르드와 애덜라드가 있었고

난 프톨레마이오스의
『알마게스트』를
직접 읽고 싶어서
번역을 시작했지.

한 권, 두 권
하다 보니 80권이나
번역했더라고.

난 에우클레이데스의
『기하학 원론』 같은
수학책을 주로 번역했지요.
수학이 체질에 맞나 봐요.

제라르드
(12세기에 활동)

애덜라드
(12세기에 활동)

아리스토텔레스의 과학 책과
이슬람의 연금술 책을 번역한 스코트도 있었다.

나?
이슬람 말
잘 알아요우.

스코트
(?~1235)

이 시기는
이슬람 어로 번역한 것을
다시 라틴 어로 번역하는
것이 가장 좋은 방법이라고
생각하던 시대였지요우.

당시 지식인들은 이러한 번역들을
열렬히 환영했으며

부비부비

우리가 얼마나
새로운 지식에
굶주려 있었는지
알죠? 알잖아.

어디 갔다
이제 왔니?

번역이 활성화되자 그리스 원문을 직접 번역하고
싶어 했다.

여러 번 번역하다
보면 아무래도
틀릴 위험이
있으니까….

그리스 어   이슬람 어   라틴 어

그리스 원문을 직접 번역한 사람으로는 빌렘이 있는데

빌렘
(1215~1286)

그는 아리스토텔레스의 책 대부분을 번역했다.

중요한
아리스토텔레스의
해설서들도 싹쓸이해서
번역했지.

아리스토
텔레스

그러나 이 시대에 번역한 것은 일부분에 지나지 않으며
오늘날까지도 번역하지 못한 것들이 남아 있을 정도다.

그저 마음에 드는 책들만
골라서 번역했지, 뭐.

책이 얼마나
많았는데요.
이걸 어떻게 다
번역해요?

이러한 번역 작업이 남긴 가장 큰 성과는 아리스토텔레스 사상의 전파였다.

'자연 탐구는 신의 진리에 도달하는 길'이라는 논지를 펴서 돌파구를 만들어 주었죠.

누가 감히 그런 간 큰 소리를!!

기독교에 눌려서 실용적인 것 아니면 연구할 수 없었던 과학자들에게

제가 한 말이 아니거든요. 이 책에 써 있는 대로 읽은 거거든요.

아리스토텔레스 책인데 한번 읽어 보실래요?

꽤 두껍군. 자네가 한번 정리해 봐!

흠흠. 첫째, 세계는 영원하다.

카! 목청 좋고!

둘째로다. 물체의 특성이 실체와 따로 떨어져 존재할 수는 없느니라아~.

어얼쑤~

셋째구나! 자연의 과정은 변하지 않는 법칙에 의해서만 일어나느니라아~.

춤

넷째로다. 육체가 죽으면 영혼은 살 수 없느니라~.

잘한다

무어라! 신의 기적이나 영혼 불멸을 부정하면서 과학이 신의 진리에 도달할 수 있는 길이라고오?!

내가 바본 줄 아나!

재미없으셨어요? 어쩌지? 조금 더 연습해 올걸…

자연 과학자들은 신학자들과 부딪히지 않기 위해서

우선 불타오르는 것부터 해결하고 보자, 응?

슈우우

기독교의 진리와 과학의 진리를 나누려 했다.

좀 고정하시고 끝까지 들어 보시와요, 네?

그러니까… 과학은 이성으로 탐구해야겠지만…

그래서?

저… 종교는 비이성적인 영역이니까 우린 모른 척하겠다는 거죠. 아니 그게 아니고 저… 신앙의 문제까지 이성으로 해결하려 해서는 안 된다는 거죠.

파닥

과학과 신앙을 따로따로 생각해야 하니까

종교에서야 영혼 불멸 같은 것이 진리겠지만 과학에서는 거짓일 수도 있는 거니까 서로 독립시켜서…

파닥

파닥

그러나 신학자들은 이것을
인정하지 않았고

우아~! 거봐!
불난 데 부채질은 왜 해?!

날 속이지 마라.
너희 결론이
너무 미지근하니
뜨겁게 달궈 주마!

식히려고
그랬지이이~.

교회는 아리스토텔레스 사상이 널리 퍼지는
것을 막기 위해 강력한 조치를 취했다.

너도 뜨거운 맛
봤구나!

너무해! 신학 이론의
개념을 세울 때는
아리스토텔레스의
이론을 써 놓곤
이제와서는 시치미
뚝 떼고 우리만
구박하다니.

아리스토텔레스의
사상을 얘기한 사람들은
1210년부터 60년 동안
교회로부터
유죄판결을 받았죠.

그러나 교회가 아리스토텔레스의
권위를 완전히 누르지는 못해

게다가 이젠
과학자들을 말릴
수도 없어요. 왜,
과학자들은 하지
말라면 더 하고
싶어 하잖아요.

힘으로 누르는
것만으론
안 되겠는데요.

과학자들은 자연을 연구할 수 있는 기회를
점차 넓혀 갔다.

그래도 되도록이면 교회를 자극하지
않으려고 노력했죠. 그래서
중세 과학은 분야가 그다지 넓지 않아요.

광학

운동량 이론

교육 기관의 변천

중세 전기엔 학문을 연구하거나 교육받을 곳이 수도원뿐이었다.

왜냐하면 글자라는 걸 쓰는 데는 교회뿐이었거든.

심지어 왕조차도 글자를 모르는 경우가 많았지.

바보 멍청이

수도원들은 6세기경부터 생겨나기 시작했다.

수도원은 금욕과 자급자족의 공동생활을 했던 장소였고, 수도사들은 노동을 신성하게 여겼지요.

또 열심히 기도하고 명상하며 수도 생활에 힘썼고…

꼬르륵

옛 경전이나 책들을 모아 보관하고 연구하는 등 글자를 다루었던 유일한 곳이기도 하지요.

수도원은 중세 학문의 중심지로 자리 잡아 가면서

거기엔 일곱 개의 기본학과와 상위 개념인 세 가지의 학문이 있었다.

로마에서 물려받은 교육 과정을 운영했는데

수도원에는 도서관이 있었는데

11세기에 이르자 그리스 철학자들의 책을 많이 읽었다.

이렇게 구한 책들은 라틴 어로 번역되었다.

어느 나라건 성직자들은 다 라틴 어를 알았거든. 미사를 라틴 어로 했기 때문이지.

라틴 어
라틴 어

어차피 읽을 수 있는 사람도 다 성직자들뿐 이었으니까요.

그러나 이렇게 번역한 책들도 보급이 어려웠다.

손으로 한 글자씩 베껴 써서 책을 만들었기 때문에 한 권 만드는 데 몇 달씩 걸렸고….

그래서 값이 엄청나게 비쌌고, 잘못 베낀 것이 많아서 같은 책도 내용이 서로 다르기도 했지요.

이 비싼걸

자연히 교육은 더디게 이루어져 글자를 모르는 사람이 여전히 많았다.

학교에서도 책이 없어서 거의 교수의 얘기만 들었다고.

문자 해독률 1%! 백 명 중 한 명 정도만 글자를 안다는 얘기였죠.

그러나 13세기부터 도시가 발달하면서 교육의 필요성이 늘어나

상인들도 읽고 계산할 줄 알아야 하는거. 너도 놀지만 말고….

보통 사람들을 위한 초등학교를 설립했다.

이제 문자 해독률 얼마냐고 물어봐. 자신 있게 대답할 수 있거든. 40%라고!

게다가 이슬람의 새로운 지식이 더 많이 들어오자 여러 곳에 대학이 생겨났다.

새로운 지식은 늘어만 가는데…, 수도원의 오래된 교육 방식으로는 감당할 수 없겠는걸….

맞아! 수도원이 교육 장소로 최고라는 건 옛날 말이라고. 난 새로 생긴 대학에 가기로 했어.

♪어디로 갈까?

케임브리지 대학 1284년

옥스퍼드 대학 1249년

파리 대학 1215년

볼로냐 대학 1158년

'대학'은 원래 학생과 교수들이 만든 조합을 가리키던 말이었는데 점차 사설 교육이라는 개념으로 바뀌게 되죠.

오늘은 ♪ 설레는 첫 수업!

하지만 대학도 성직자를 훈련시키는 성격이 강했죠.

문법, 수사학, 논리학을 배웠는데…

성직자가 라틴 어로 쓰고 말하기 위한 기본 교양 과목이었지요.

그 밖의 과목들은 자유 7학과와 비슷했는데 여전히 역사와 문학은 포함시키지 않았고요.

그래도 기본 학과는 꽤 과학적인데요?

그건 이슬람 영향 때문인데….

수학

천문학

기하학

실제로 과학적인 것은 별로 없었어. 아주 기초적인 것 말고는 실제 기술은 구경도 못해 봤고….

단지 과학에 대한 호기심만 키워 놨을 뿐이지.

부들부들?

그럼 뭐, 별로 공부하거나 연구하는 것도 없었다는 얘기잖아?

무슨 소리! 우리도 연구할 게 많았다고. 이슬람 지식이 들어오기 전부터 권위를 떨치던 스콜라학이라는 게 있었는데….

만날 대학생이라며 바쁜 척하더니…

스콜라? 쇼콜라…? 초콜릿 말이야?

아니! 스콜라는 학교란 뜻인데 그게 중요한 게 아니고….

이 시대에 초콜릿은 아직 등장하지 않았지어.

복습해 보자. 중세 때 학문의 가치를 판단했던 기준이 뭐였지?

에…, 음…. 신앙인가?

그렇지! 신앙! 스콜라학은 신앙의 교의를 체계적인 교육으로 만들려 했지.

스콜라학은 성서와 성직자의 책을 연구해 신앙을 이해하는 데서 출발한다.

해석하고

주석 달고

설명 달고

읽고

비교 하고…

그런데 뭔가를 학문으로 연구하려면 이성이 필요하지.

너 잠깐 와 볼래?

정말?

신앙은 학문적으로는 이성을 요구하면서도

영혼 불멸은 비이성적인데…

결정적일 때는 이성을 제외시켰는데….

됐어! 넌 이제 가 봐.

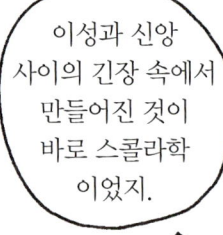

이성과 신앙 사이의 긴장 속에서 만들어진 것이 바로 스콜라학 이었지.

스콜라 학자들의 지나친 권위주의는 과학의 발전을 막기도 했지만

빨리 좀 갑시다

이게 무거워서…

헉- 헉

중세·근대 과학을 여는 훌륭한 학자들을 탄생시키기도 했다.

그나마 학문과 학문에 대한 호기심을 가졌던 유일한 곳이었으니까요.

실험 과학의 선구자들

아리스토텔레스의 사상은 중세 과학의 새로운 가능성을 일궈 냈으나

아리스토텔레스에 대한 지나친 열광은 반대파들을 만들어 내기도 했다.

아리스토텔레스는 너무 이성만을 강조하는 데 문제가 있어.

맞아. 진리 발견에 필요한 것이 과연 이성뿐일까?

경험은 왜 무시하는 거지? 기분 나쁘게….

반대파들은 실험 과학의 발전에 영향을 끼쳤는데

실험 과학

주로 새로 생긴 대학을 중심으로 활동했던 영향력 있는 사람들이었어.

이 흐름의 첫 번째 인물은 영국의 그로스테스트다.

그로스테스트
(1175?~1253)

성직자이며 옥스퍼드 대학 교수였던 그로스테스트는

밑줄 쫙—

13세기 전반의 지식인 가운데 중요한 사람이었다.

항복

입김이 좀 셌지.

하—

프란체스코회★ 회원들이 수학과 자연과학을 배운 것도 다 이 사람 덕분이었지.

★ 프란체스코회 - 1209년 프란체스코가 세운 최초의 탁발 수도회.

그로스테스트는 과학에 관심이 많아

아리스토텔레스의 책들은 다 읽었다고 생각하는데…

자랑,

아리스토텔레스에 자극을 받고 천문학, 우주, 음향, 광학 등을 연구했으며

천문에서의 수학적 관계 연구.

음악 애호가로서 소리 연구.

확대·축소 렌즈, 망원경 연구.

자연 탐구에 대한 글을 썼다.

자연 탐구는 신에게 도전하는 발칙한 행위라고!

과연 그럴까? 논리학의 전문가로서 판단하건대 그건 좀 아니라고 봐!

그런데 과학 이론에서는 논리도 중요하지만…

논리

이론들을 어떻게 검증하느냐도 중요하다고 봐.

논리

과학 이론

검증

자연 탐구를 하는 이유는 사물의 원인(목적인)을 알아내는 것인데…

원인

원인을 밝혔으면 그것을 분석하여 구성 요소와 원리로 나누는 것까지 해야 깔끔하지.

원리 원인 구성요소

그리고 관찰한 현상을 가설을 통해 원리로 재구성할 수 있어야 하며

가설을 과학적으로 검증하고 확인해야 하는 거지.

현상

원리

검증

가설

★ 공리(公理) - 일반 사람과 사회에서 두루 통하는 진리나 도리.

이런 것들은 현상에 대해 원인을 제공하지 않고 이미지만 제공할 뿐이거든.

그러니까 굳이 경험을 통해 참임을 증명할 필요가 없는 거지.

평행선이 목적이나 원인이 있겠어?

직각 삼각형은?

그리고 그로스테스트에게서 과학적 사고의 영향을 가장 많이 받은 제자가 등장한다.

로저 베이컨
(1214?~1294)

별명이 '꿈꾸는 떼쟁이'였죠.

또 꿈꾸고 있네

그는 미래를 예언하는 글을 써서 후세에 유명해졌는데

뭐 저런 사기꾼 같은…

사람이 타고 날개를 조종할 수 있는 날것도 만들 수 있을 것이고…

앞으로는 말이 끌지 않아도 놀라운 힘에 의해 스스로 가는 탈것이 만들어질 거야.

아마도 바닷속을 맘대로 다닐 수 있는 것도….

권위에 도전하는 걸 좋아해서

너 좀 건방져! 선배한테 만날 대들면서 말이야! 말은 또 잘해요.

지금 그 말씀은 제가 분류한 쓸데없는 권위의 형태 중 ④번에 해당하는군요.

쓸데없는 권위의 형태

① 부당한 권위
② 오랜 관습
③ 무지한 대중
④ 무조건 권위를 앞세우며 무지를 감추려는 행위

감옥에 갇히기도 했다.

이슬람 과학을 참고했기 때문이라나!

우짰든! 말로는 날 이길 수가 없으니까 감옥에 가둬 버린 거라고. 너도 그렇게 생각하지?

……

그런데 말이지. 자연 연구가 제대로 이루어지지 않고 있어.

실험을 통해 새로운 자연 인식을 해야 하는데도 말이지.

너 말이야. 실험이 얼마나 좋은지 알아?

실험을 하면 가설이 실제로 맞는지 곧 확인할 수 있다고.

실험

가설

예를 들어 내가 나룻배에 앉아 물에 잠긴 노가 꺾여 보이는 걸 발견했다고 해 봐!

43

이것을 좀 더 잘 관찰하기 위해 몇 날 며칠을 나룻배에 앉아 있어야만 하나?

배도 고프고 화장실도 가고 싶은데….

머리를 쓰는 사람들은 절대 그런 고생을 안 하지. 단지 집에서 대야에 물을 붓고 연필을 담가 보는 것만으로도 똑같은 현상을 관찰할 수 있거든.

이렇게 자연의 축소된 모델을 만들어 가설을 쉽게 입증하는 것이 실험의 좋은 점이지.

이것은 새로운 발상이었다.

관찰만 하는 것은 소극적이라고.

실험을 하란 말이지!

에…, 연필이 휘어 보이는 건 굴절 현상인데

빛이 공중에서 물 속으로 들어올 때 경계선에서 진행 방향을 꺾기 때문이야!

두 눈이 빛을 인식 하기 때문에 사물을 볼 수 있잖아.

우리가 연필을 볼 수 있는 건 연필이 반사하는 빛이 우리 눈에 들어오기 때문이지.

그래서 우리 눈에는 연필이 꺾여 보이는 거고.

그런데 나는 또 이것도 알고 있거든. 유리도 물처럼 굴절을 일으킨다는 사실!

그렇다면! 이걸로 뭘 알 수 있냐고? 유리의 굴절을 조절하면 작아서 보이지 않던 것들이 다르게 보일 수 있다는 사실이지이~.

어디서 많이 들어 본 얘긴데?

안경과 망원경을 예견한 것이다.

너무 익숙한 거라서 생각이 안 났네. 그럼 이 시대엔 아직 안경이 없었던 거구나아~.

아아~ 그렇지!

베이컨은 수도사였으나

경험은 크게 두 부분으로 나뉘지. 신의 경험과 외부에서 얻는 경험으로 말이지.

신앙과 이성의 심각한 갈등은 없었다.

그리고 이 두 가지 경험은 신앙의 인도로 통일될 거거든.

어차피 이 두 가지 다 인간의 지식 가운데 하나일 뿐이니까.

또 '자연의 법칙'을 신과 관련 짓지 않고 '자연의 마법' 정도로만 여겨

멋지지? 신기하지?

베이컨은 중세의 스콜라학과 이성을 무리 없이 결합시킨 사람으로 손꼽힌다.

어쨌든 수도사가 그 정도 생각한 것도 대단하네요.

나도 균형을 잡으려고 제법 노력 했다고.

그렇지?

베이컨과 같은 시대에 살았던 알베르투스 마그누스는

좀 웃으세요 스승님

알베르투스 마그누스 (1193?~1280)

교육자였으며 도미니크 수도회*의 수도사였다.

다양한 것에 관심을 가지셨죠. 그래서 그리스와 이슬람의 과학을 들여오는 데도 큰 역할을 하셨답니다.

★ 도미니크 수도회 – 1216년 도미니쿠스가 세운 탁발 수도회. 전통 신앙을 옹호하고 신학을 중시했다.

그는 아리스토텔레스의 저작에 대한 해설서를 썼는데

윤리학
생물학
과학
형이상학
논리학
정치학

그 범위가 너무나 넓어서 '보편 박사'라는 별명을 얻었다.

대단해 훌륭해

그러나 마그누스는 아리스토텔레스에 집착하진 않았는데

스스로 생각한 것을 더 중요하게 여기셨거든요.

남의 학설을 무조건 믿지 않았고, 관찰을 통해 자연 탐구를 하라고 가르치셨죠.

남의 밥을…

그가 쓴 동물의 생태서를 보면 그의 관점이 잘 드러나 있다.

생태를 잘 관찰해서 쓴 책이었지요. 동물이나 곤충의 짝짓기를 관찰하고, 귀뚜라미를 해부하셨으며

여전히 조금 전설적인 동물들이 끼어 있긴 하지만 민간에 떠도는 이야기들을 무시하고

46

수정란을 깨 보면서
병아리가 태어나는
과정을 관찰하거나

흰자위
노른자위
씨눈
공기
주머니
노른자위

감히
내새끼
를!

3일째   6일째   9일째

북극에 사는 동물은
가죽이 두껍고 털이 하얄 거라고
추측하기도 하셨죠.

거 뭣 좀
아는 사람
이구만!

식물학도 나름대로
체계적으로 분류했다.

가시를 잎이 변해서 된 것,
줄기가 변해서 된 것,
턱받침 등이 변해서 된 것으로
분류하기도 하셨고요.

나무가 자라는 데 빛과 온도가
중요하다는 것을 관찰했고

....

접붙이기를 해서
새로운 종(種)을
만들 수 있다고
생각하셨죠.

그리고 또 우리 선생님은….

지난번에 내준 숙제는 다 했어?

이러고 있으니 못 하지! 어여 가서 공부 좀 해!

어잉ㄱ

이렇게 그리스 철학의 영향을 받은 학자들이 자연과학의 영역을 조금씩 넓혀 나가면서

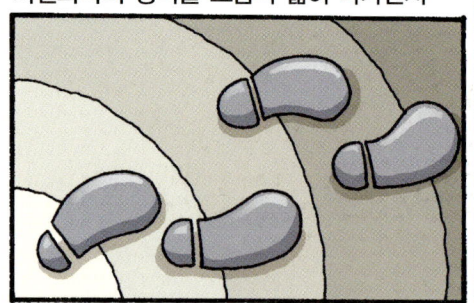

신학과 갈등이 더 심해졌다.

신선한 생각이긴 한데….

이교도적이잖소! 대책을 세워야만 해요.

이러한 갈등을 조절해 준 인물이 토마스 아퀴나스와 던스 스코터스였다.

무슨 걱정을 그렇게 해요?

고수는 그 정도에 떨지 않는 법!

토마스 아퀴나스 (1225?~1274)

던스 스코터스 (1266~1308)

이들은 과학자는 아니었지만 과학이 좀 더 안정적인 위치에 놓이도록 애쓴 신학자들이었다.

진정하고 잘 들어봐 응?

그렇지. 보이지 않는 신의 존재를 알리려면 보이는 것에서 찾을 수밖에 없지 않소?

도대체가 왜 모든 지식이 신의 계시에서만 온다고 생각하는 거지요?

이성은 진리를 알게 하고 사물의 이치를 또렷하게 정리해 주지요.

그러니까….

자연 세계는 신이 만들었고 이것을 연구한다는데 과학 같은 걸 두려워할 필요는 없지!

그러니까….

게다가 고상한 진리는 오직 내면의 깨달음을 통해서만 얻어지는 것이잖소?

신의 진리는 어차피 과학으로는 알아낼 수가 없어요. 그러니 어찌 과학이 신에게 누를 끼칠 수 있겠나?

그러니까….

그러니까 너무 경계하지 말고 과학과 신앙을 아예 분리해서 생각하는 게 속 편하지 않겠소?

그러니까 너무 겁먹지 마

그러니까 그건 또 그렇기도 하고 그렇네….

그리고 마지막 선구자로서 윌리엄 오컴이 등장한다.

선배님들 고마워~

윌리엄 오컴
(1285?~1349)

그는 옥스퍼드 대학에서 신학을 공부했는데

왜?

왜?

왜?

졸업을 못하고
대학을 떠나야 했다.

이건 왜?

저건 왜?

......

얼마나 이상한 논리로
질문을 해 대는지
식은땀이 나서 원….

이번엔 저 교수가
붙잡혔군요.
저 녀석을 쫓아내든지
해야지….

오컴은 유명론 학자로 출발했다.

유명론은
사실 과학이
아니라
철학 사상으로

아리스토텔레스의
'보편자'에 반대하는
내용이지요.

나
불렀어?

유명론

아리스토텔레스는
'책상', '백조' 등
각각의 사물들에도 본성이
존재하므로

책상의
본성

이성으로
각 사물들의 본성을
알아낼 수 있다고
생각했는데

본성

본성

본성

이건 한마디로 말이
안 되지. 보편이란
존재할 수 없거든.
왜냐하면…

왜냐하면?

신께서 어떤 의지로
어떤 형상을 만들지는
아무도 모르는
거거든.

조물

조물

그런데 어떻게 보편이라는 게 존재할 수 있겠어? 그저 개별적인 사물들만 존재하는 거지.

봐! 책상도 이름만 책상일 뿐 다 다르잖아.

……

보편이란 같은 특징을 가진 사물들의 이름일 뿐이라고.

유 명 론

오로지 이름뿐

그러니까 자연을 연구하기 위해서는 보편을 탐구하는 게 아니라 개별적인 사물을 관찰해야 한다고.

또 하나 오컴이 유명한 것은 '오컴의 면도날'이라는 명제 때문이다.

'설명은 단순할수록 뛰어나다.'라는 명제지. 그런데 여기에 왜 면도날이란 표현을 썼냐고?

난 간단한 걸 좋아하거든. 간단한 원리로 설명할 수 있는 것을 구태여 길게 설명하는 것은 어리석은 짓이잖아?

무슨 소리야? 길고 멋진 설명이 그럴듯하고 믿음이 간단 말이야!

중세의
물리학

중세 과학은 대부분
아리스토텔레스의 이론을
바탕으로 했는데

나한테 저작권료
줘야 되는 거 아냐?

그 대표적인 것이 물리학이었다.

그나마 경험적인
시도를 할 수 있는 분야였지.

물리학은 법칙만
알아내면 되니까
신학의 감시를
덜 받을 수 있었거든.

감시탑

아리스토텔레스의 역학은
운동하는 모든 것은 움직여 주는
'힘', 다시 말해
'원동자'라는 원인이
있다는 말씀이야.

→ 원동자

그러므로 운동의 이치는 원동자가
무엇인가를 밝혀내면
알 수 있지.

얘가
원동자

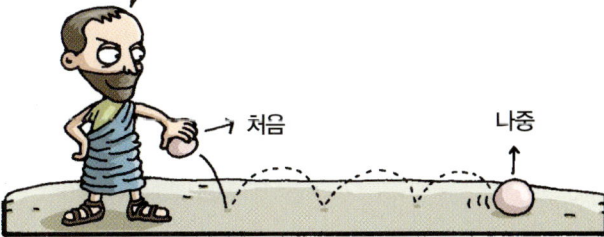

그런데 내가 말하는 운동이란
무생물의 위치가 달라지는
것뿐 아니라

→ 처음

나중

생물의 변화까지
의미하는 폭넓은 것이지.
탄생이나 성장이라든지….

새옷
갈아입었다

그러나 생명체나 하늘 위의 물체는
원동자가 무엇인지 잘 알 수
없는 데 비해…

누가 시켰냐
말이야 응?

……

우리도
몰라.

무생물은 운동의 원인을
알아낼 수가 있지.

뭐야?
범인을
안다구!

좀 전에….

그리고 무생물의 운동은
원인이 무엇이냐에 따라
자연 운동과 강제 운동으로
구분할 수 있어.

강제 운동

강제 운동은 말 그대로
외부에서 직접적인 힘을 줘서
강제로 운동하도록 하는 것이고

자연 운동은
원래 장소로 돌아가려는
물체의 본성 때문에
발생하지.

자연 운동 →

내 고향으로
날 보내줘♪

그렇기 때문에 돌멩이는
자신의 자연 장소인
지구로 떨어지는 거야.

자연의 위치에 있는 물체를 옮기려 할 때는 직접 힘을 줘서 강제로 운동시켜야만 하고 말이야.

자연의 위치

직접적이고 물리적인 힘

내가 동네 북이냐!

떨어지는 속도는 무거울수록 빨라지고

무거운 것도 서러운데 자꾸 빨리 떨어뜨릴래?

떨어짐

그런데 어떤 물체가 자유 낙하를 할 때는 속도가 빨라지긴 하지만

가속 중

균일한 속도

결국 어떤 지점에 이르고부터는 그 속도가 계속 유지되지.

공기나 물 같은 매질★의 밀도가 높을수록 속도가 느려지지.

결국 매질의 밀도가 높을수록 속도에 방해를 받는다는 거지.

툭

풍당

공기의 밀도 〈 물의 밀도

★ 매질－어떤 파동, 또는 물리적 작용을 한 곳에서 다른 곳으로 옮겨 주는 매개물.

매질의 밀도가 반으로 줄거나

떨어지는 물체의 무게를 두 배로 하면 속도도 두 배로 빨라지게 되는데

공기가 적어져서 빠르군

난 무거워지니까 빠르군!

나도 빨리 떨어지고 싶어요

그렇다면 문제! 진공에서 물체의 낙하 속도는?

진공에서는 매질의 밀도가 없으니까, 결국 방해물이 없다는 거고…

저…, 혹시 무한대?

네! 정답입니다.

휴~ 다행이다. 말도 안 되는 소리라고 구박받을 줄 알았는데….

네~! 그것도 정답입니다.

왜 이랬다저랬다 하는 거예요?

후후 1권에서 제대로 공부를 안 했군.

그건 말이지.

무한대라는 속도는 이론으로만 가능할 뿐 실제로는 있을 수 없지. 그러니 정확한 답은…

후읍

'진공은 불가능하다!'가 되어야 하는 거지.

그런데 내 이론엔 허점이 하나 있어.

강제 운동의 경우에 물체가 손에서 떠난 뒤에도 얼마 동안 움직이잖아? 이걸 설명할 길이 없는 거야.

접촉

계속 운동 중

위대한 내가 설명을 못하다니…

정말…!

나는 결국 이게 매질 때문이라고 생각했지. 물체가 움직이면 진공이 생기는 것을 막기 위해서…

밀려난 공기

진공 상태

점차 떨어지는 추진력

물체 뒤로 밀려난 매질(공기)이 다시 밀려오면서 추진력을 주니까 물체가 앞으로 나가다가, 추진력이 없어지면 물체가 땅에 떨어지게 되는 거지.

알아, 안다고. 너무나 군색한 논리라는 거….

…….

그렇다고…. 그런 눈으로

게다가 매질이 물체의 운동을 방해한다고 해 놓고 이번엔 추진력이라니, 이건 모순이라고요.

에휴 내가 왜 이러지?

내가 바본 줄 아세요?

이러한 모순에 처음 해결책을 제시한 사람은 필로포노스였다.

너무 기죽지 마셔유. 제가 해결해 드릴게유.

어떻게?

그러니까 매질은 운동을 방해하는 역할만 하고 추진력은 다른 것에서 찾으면 되는 거 아녀유.

필로포노스
(6세기경 활동)

운동은 물체에 처음 가해진 '힘(임페투스★ = 운동량)'으로 계속되는 거쥬.

시간이 갈수록 임페투스가 줄어들다가

으~ 힘이 모자라!

완전히 사라지면 물체는 운동을 멈추게 되는 거쥬.

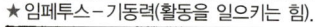

처음 부여된 임페투스는 양이 줄어든다.

★임페투스－기동력(활동을 일으키는 힘).

필로포노스는 임페투스로 기독교에서 주장한 이론을 반대했다.

천구는 신의 명령을 받은 아홉 천사가 움직인다고…. 멋지지?

에구~, 엉터리예유. 아홉 천사가 없어두 천구는 움직여유.

그럼, 천구가 어떻게 계속 움직일 수 있는지 설명해 봐!

것두 임페투스에 의해서쥬.

임페투스…, 임페투스라… 옳지! 찾았다.

파다다

이것 보라고! 임페투스 이론에 따르면 외부에서 힘을 가하지 않으면 사물은 언젠가 멈춰야 한다는 건데, 천구는 힘을 가하지 않아도 멈추지 않잖아.

나도 공부 좀 했다고

그렇쥬! 하지만 천구는 특별하다니께유. 신께서 시간이 지나도 줄어들지 않는 임페투스를 부여하셨던 거쥬.

설마 자비로운 신께서 천구가 우리 머리 위로 떨어지게 하셨겠어유?

줄어들지 않는 임페투스도 다 전능하신 신께서 하신 일이니까 가능한 거라구유.

음음. 맞는 말 같기도 하고, 아닌 것 같기도 하고….

그러나 임페투스 이론은 당시에는 큰 영향을 주지 못하다가

그래. 신께선 전능하시지! 그래도 천사를 더 좋아하신다고.

픽

이슬람 학자들이 다듬어 다시 유럽으로 전해졌다.

나는 임페투스가 불에 달군 쇠가 천천히 식어 가는 것과 같다고 생각했지.

한편 유럽에서는 아리스토텔레스의 역학에 반대하는 의견이 나오기 시작했는데

수군수군 수군수군

이슬람 학문의 영향으로 그런 움직임이 더욱 활발해졌다.

우리도 해 보자!

화이팅

잘해 봐

반대 의견에 처음 뜻을 같이한 이는 오컴이었으나

천사가 면도날에 걸리는군. 필요 없으니 잘라 버리자.

사—각

임페투스 이론을 더욱 발전시킨 사람은 파리 대학의 뷔리당이다.

안녕!

뷔리당
(1300~1358)

난 공기가 추진력이 없다는 것을 증명할 수 있는 예를 두 가지 들겠어.

우선 첫 번째는 팽이야. 팽이가 돌 때 공기의 추진력이 작용하면 팽이의 위치가 계속 달라져야 하는데, 그냥 제자리에서 도는 걸 보면

공기가 추진력이 있다는 건 일단 틀리다는 얘기지.

저 교수님은 만날 놀기만 하고….

그래도 미심쩍다면 증거를 하나 더 들지. 끝이 납작한 창과 뾰족한 창이 있을 때

저 봐! 또 논다

공기에 추진력이 있다면
공기 저항을 더 많이 받는 납작한 창이
추진력도 많이 받아 더 빨리 날아가야 하는데,
실제로는 그렇지 않거든.

이크

슈우웅

그러므로 공기는 저항하는
성질만 가질 뿐 추진력은
가지지 않는 거지.

그럼 천구는
어떻게
움직여요?

아
개운하다
다
그탁

천구? 천구도 물론
임페투스에 의해
움직이지.

천구는 진공
상태라서 처음 얻은
임페투스가 줄어들지
않거든.

음...

뷔리당은 관성의 원리까지 연구했으나
더 이상은 연구하지 않았다.

한마디로
겁이 났던 거죠, 뭐.

왜냐하면
아리스토텔레스의 이론에
끝까지 덤비고 싶지는 않다,
뭐 그래서였지.

임페투스 이론이 설명해 낸 또 하나의 현상은 물체가 떨어질 때 속도가
빨라지는 현상에 대한 것이다.

물체는 무게 때문에
떨어지는 것이며,
속도가 빨라지는 건
원래 장소에
가까워지기 때문이다.

그것 가지고는
시간이 지날수록
가속하는 이유를
명확하게 설명할 수
없겠는데요?

저 같으면 이렇게 설명할 거예요. 물체는 무게 때문에 떨어지기 시작할뿐더러

임페투스를 여러 번 받음으로써 가속이 일어난다고 말이지요.

임페투스

뷔리당의 제자인 오렘은

안녕? 오늘 참 멋져 보이네

오렘
(1325~1382)

점성술에 거세게 반대했고 천구를 시계에 비유했으나

이즈음에 기계시계*가 등장하기 시작했지요. 정확한 움직임이 천구와 비슷하잖아요?

난 유행에 앞서 간다구

★ 기계시계 - 중력이나 태엽을 원동력으로 하고 일정한 진동으로 움직이는 시계.

행성의 운동에 영향을 미치는 임페투스에 대한 개념을 받아들이지는 않았다.

행성의 운행을 유도하는 지적 존재라는 게 훨씬 더 매력적이잖아요.

저는 천상의 운동은 지상의 운동과는 질적으로 다를 거라고 생각하거든요.

너 내 제자 맞냐?

그는 종교적인 상상력을 발휘하며 우주의 문제를 풀이했는데

호호호호

그러나 고귀한 것이 움직인다는 사실은 별로 아름답지 않잖아요. 그러니 덜 고귀한 지구가 움직이는 지동설이 더 낫지요?

사실 천구의 운동은 지동설이나 천동설로도 설명이 가능해요.

뻥

이런 내용들로 볼 때 당시 과학과 신학의 갈등의 골이 얼마나 깊었는지 알 수 있다.

또… 우주에는 인간이 사는 또 다른 세계가 있을 것으로 보이는데….

지구의 표면이 닳으면서 중심이 옮겨지기 때문에 지구의 위치가 조금씩 바뀐답니다.

— 안녕?

그러나 오렘은 운동의 분석에 수학을 이용하는 업적을 남겼다.

1330년경 머튼 대학의 학자들이 평균속도를 측정하는 방법을 생각해 냈지요.

속도가 일정하게 빨라지는 물체의 운동은 처음 속도와 마지막 속도의 평균에 해당하는 속도로 일정하게 움직이는 것과 같다는 것이죠.

처음 속도

$$평균속도 = \frac{(처음\ 속도 + 마지막\ 속도)}{2}$$

마지막 속도

그러나 나는 여기에 만족하지 않았죠. 뭔가 중요한 걸 빼먹었다는 생각이 자꾸 드는 거예요.

으~ 그게 뭘까? 첫 글자라도 좀 알았으면….

내가 알려 줄까? 그건 '시'자로 시작하는데 말이지.

힌트 좀 줘!

'시'? 그렇지! 시간! 물체가 낙하하는 데 드는 시간도 중요한데 왜 그게 생각이 안 났을까?

'가속도'란 같은 시간 동안 같은 속도가 증가하는 것이니까.

정비례

속도

시간

평균속도 정리는 공식으로 할 때 이렇게 되고요.

보자…. 중력 가속도는 9.81㎧가 되는군요.

$$거리(m) = \frac{(처음\ 속도 + 마지막\ 속도)}{2} \times 시간$$

이제야 좀 가르친 보람이….

임페투스 이론은 지동설이나 운동의 법칙 같은 중요한 발견을 할 뻔했으나 본질적인 한계를 깨지 못하고

우리도 반성 중이야

워낙 잘 짜여진 커다란 세계였기 때문에 이 정도의 소극적인 자세로는 아무것도 바꿀 수가 없었지요.

거듭 얘기하지만 아리스토텔레스 세계관의 일부분만 수정하려고 했기 때문이지.

14세기에 논의가 절정에 다다랐다. 그 후 16세기까지 논의되었다가

임페투스

추종자를 얻지 못하고 힘을 잃고 말았다.

뭐야? 왜 안 따라 오는 거야?

17세기

꼬리가 없는데

계산과 숫자

중세 초기에는 문자가 쓰이지 않아 손가락을 이용한 숫자 기호를 이용했다.

얼마냐니까 왜 자꾸 손짓을 하는 거예요?

이 그림은 그중 한 예로서 15세기에 사용된 숫자 기호다.

왼손

오른손

왼손은 작은 수를, 오른손은 큰 수를 나타낼 때 썼구나.

어휴 이걸 언제 다 외워~

왼손의 60하고 70은 거의 비슷해 보이는데?

왼손	오른손
1	100
2	400
4	5000
60	8000
70	9000

60은 섬지의 첫째 마디를, 70은 검지의 둘째 마디를 짚고 있는 게 다르지.

65

그 밖에 기록을 할 때는 로마숫자를 이용했고

계산할 때는 로마에서 쓰던 계산판(아바쿠스)을 조금 바꾸어 사용했다.

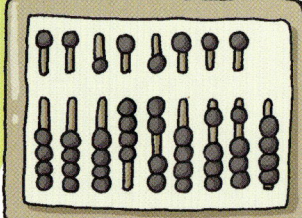

대리석 판 위에 홈을 내고 구슬을 움직여 계산하는 '아바쿠스' 기억나시죠?

아라비아숫자는 10세기에 이미 기록에 나타난다.

그리고 아라비아 숫자로 계산하는 사람들은 '알고리즘파'라고 불렀죠.

하지만 사용하기 쉬운데도 잘 쓰지 않았는데

이교도 숫자는 싫어!

이슬람교도들에 대한 적개심 때문에 사용하지 않은 것도 있지요. 하지만…

그럼 당신들 손해지 뭐.

그 이유는 계산판을 사용하던 사람들이 싫어했던 탓이다.

계산판의 전통을 우습게 보지 말라고!

요즘 젊은것들은 편한 것만 좋아해서 탈이야.

단결

하여튼

자자, 흥분하지 말라고. 어차피 계산을 할 줄 아는 사람도 몇 명 안 되는데 그 사람들만 계산판으로 똘똘 뭉치면 아라비아 숫자는 발 붙일 곳이 없어지는데, 뭘.

계산판파의 세력은 막강해서 거의 15세기까지 아라비아숫자와 대립을 계속했다.

피렌체의 은행에서 아라비아숫자 사용을 금지했다는데….

당신들이 시켰지?

그렇다면?

좋다! 결투다! 빨리 계산하기 시합을 제안한다!

66

이런 상황에서 아라비아숫자가 얼마나 쓸모 있는지를
책으로 써서 널리 알린 사람들이 있었다.

내가 조금 선배지

어 놀라운 숫자를 널리 알려야 해요 선배님

피보나치
(1170?~1250?)

사크로보스코
(1195?~1256)

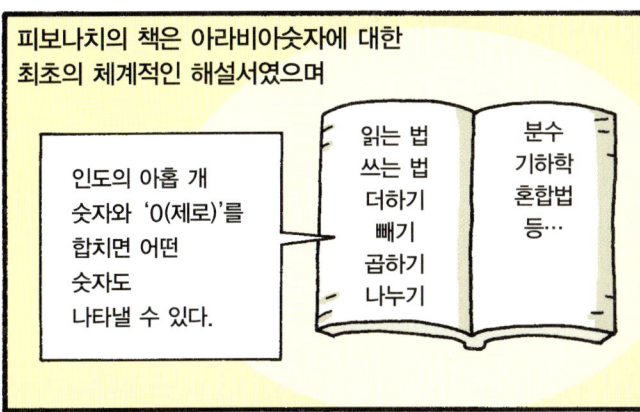

피보나치의 책은 아라비아숫자에 대한
최초의 체계적인 해설서였으며

인도의 아홉 개
숫자와 '0(제로)'를
합치면 어떤
숫자도
나타낼 수 있다.

읽는 법
쓰는 법
더하기
빼기
곱하기
나누기

분수
기하학
혼합법
등…

사크로보스코의 책은 매우 실용적이라서
많은 사람들이 읽게 됐다.

통속
알고리즘

쉬운 아라비아
숫자를 굳이 어려운
말로 설명할 필요
없잖아요.

결국 계산판파가 서서히 자취를 감추고

떠나야 할 때를
알고 떠나는 자의
뒷모습은 얼마나
아름다운가!

15세기경에는
서민들도
아라비아숫자를
사용했다.

우리야 계산 편하고 쓰기 쉬운 게
좋지, 뭐. 그래서 아라비아숫자를
팍팍 밀어줬다고.

게다가 이때부터 활자 인쇄를 시작
했는데 그러다 보니 문자나 숫자를
일정하게 정리할 필요도 있었고…

종교개혁을 일으킨 루터가
아라비아숫자를 쓰라고 주장한
영향도 컸다고 하죠.

와

알고리즘 이겨라

와

어쨌든….
우린 다행이야
쉽고 편한
숫자를 쓰게
됐어서

힘내라! 힘!

와

와

중세의 의학

유럽에서 가장 처음으로 세워진 의학교는 이탈리아의 살레르노 의학교였다.

우린 9세기 무렵에 의사 조합으로 출발했는데

11~12세기에는 의학교로 발전했지요.

해부학과 생리학, 병리학 쪽은 거의 갈레노스의 이론을 따랐고

그럼 내가 누군데

병을 진단할 땐 어떤 문제가 있는지를 관찰해서 진단을 내렸죠.

조금 두고 봅시다. 장이 안 좋은가?

그리고 맥을 짚고 오줌을 검사하는 것도 아주 중요하게 여겼지요.

우리 학교가 가장 잘한 건 외과 수술이었는데, 그 까닭은…

…십자군 전쟁 때문이었죠.

에휴─ 그놈의 전쟁하구 외과 술하고 데려야 뗄 수가 없어요

살레르노 의학교의 유명한 외과의로는
루지에로가 있는데

루지에로
(1170년경 활동)

『외과술의 실체』라는
책을 쓴 것으로
유명하다.

이 책에는
이슬람 의학이
같이 실려
있고요.

루지에로가 직접 행했던
탈장 절개 수술이나
만성 피부병 등을 치료하는
방법들이 적혀 있지요.

그러나 살레르노 의학교는 13세기에 쇠퇴하고,
그 전통을 볼로냐 대학이 이었는데

볼로냐 대학은 마취약으로 유명했다.

그렇지만
우리가 썼던
마취약도 아주
안전한 것은
아니었지요.

수술 도중에 환자가 깨어나는 수도 있었죠.
완벽한 마취약은 19세기 이후에나
나오거든요.

그래도 수술을 안 할
수는 없으니까…

되도록 빨리 끝내야
명의로 인정받았죠.

프랑스에서 의학 연구가 가장 활발했던 곳은
몽펠리에 대학이었다.

아르날도와 베르나르라는
의사가 아주 유명했죠.

파리 대학은 1180년 이후 의학과를 설립했으나 독립학과로 체계를 갖춘 시기는 1369년 이후였다.

이 시대의 유명한 의학자로는 세 사람 정도를 들 수 있다.

우선 몬디노 데 루치는 볼로냐에서 의학을 공부했고

몬디노 데 루치
(1276~1326)

해부학으로 매우 유명하다.

몬디노 해부학

중세에는 계속 해부를 금지했다가

끔찍해~

십자군 전쟁 때문이죠. 십자군 병사들의 시체를 고국으로 돌려보내기 쉽게 손발을 자르는 일이 자주 발생하면서 사회 문제가 되자

1163년 투르 종교회의에서 금지 성명을 발표하여 해부학이 거의 금지되었는데….

교회는 피를 싫어한다

1302년부터 법률적인 목적으로 쓸 때만 검시를 허용했다.

말하자면 범죄 수사를 위해서 해부를 할 수 있었다는 얘기지.

그래서 1315년에 여자 시체 두 구를 해부했고, 그 과정을 꼼꼼하게 기록했지.

큼큼

그러나 정부나 교회의 압력으로
인체 해부는 자주 할 수 없었기 때문에

돼지 등 동물 해부에 만족해야 했다.

살
ㄹㅜㅠ

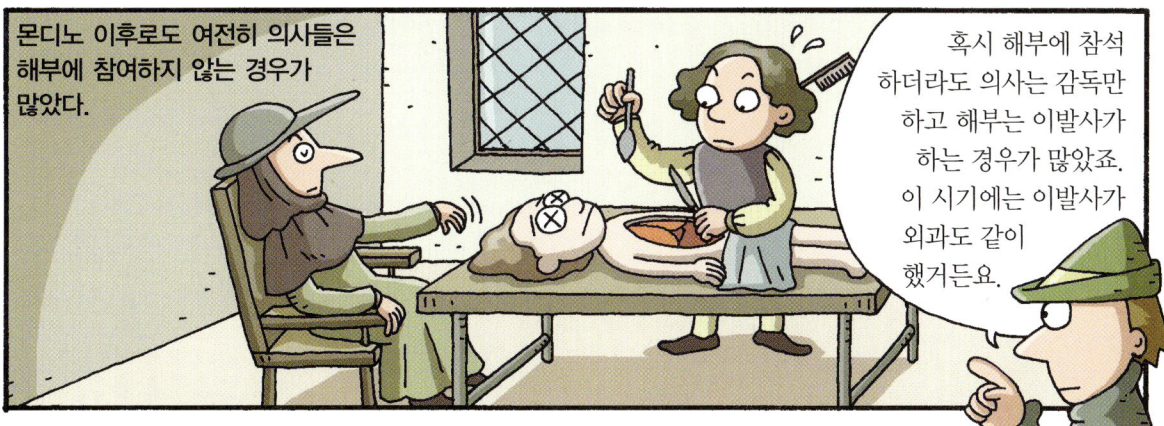

몬디노 이후로도 여전히 의사들은
해부에 참여하지 않는 경우가
많았다.

혹시 해부에 참석
하더라도 의사는 감독만
하고 해부는 이발사가
하는 경우가 많았죠.
이 시기에는 이발사가
외과도 같이
했거든요.

앙리 드 몽드빌은 몽펠리에와
볼로냐 대학에서 외과학을
공부했으며

『외과술』이란
책을 쓴 것으로
유명하다.

외과술

외과술뿐 아니라
해부학과 해독제 등도
실려 있는 외과 의사
들의 백과전서였지.

프랑스의 쇼리아크는 툴루즈와 몽펠리에에서
의학을 배웠고

쇼리아크
(?~1368)

베르트루치오 밑에서 해부학을 공부하면서
그 내용을 기록해 두었다.

스승님의 숨소리
하나까지 다 기록했지.
스승님-시체의 두 발을 잡고
잠시 고민 중!

71

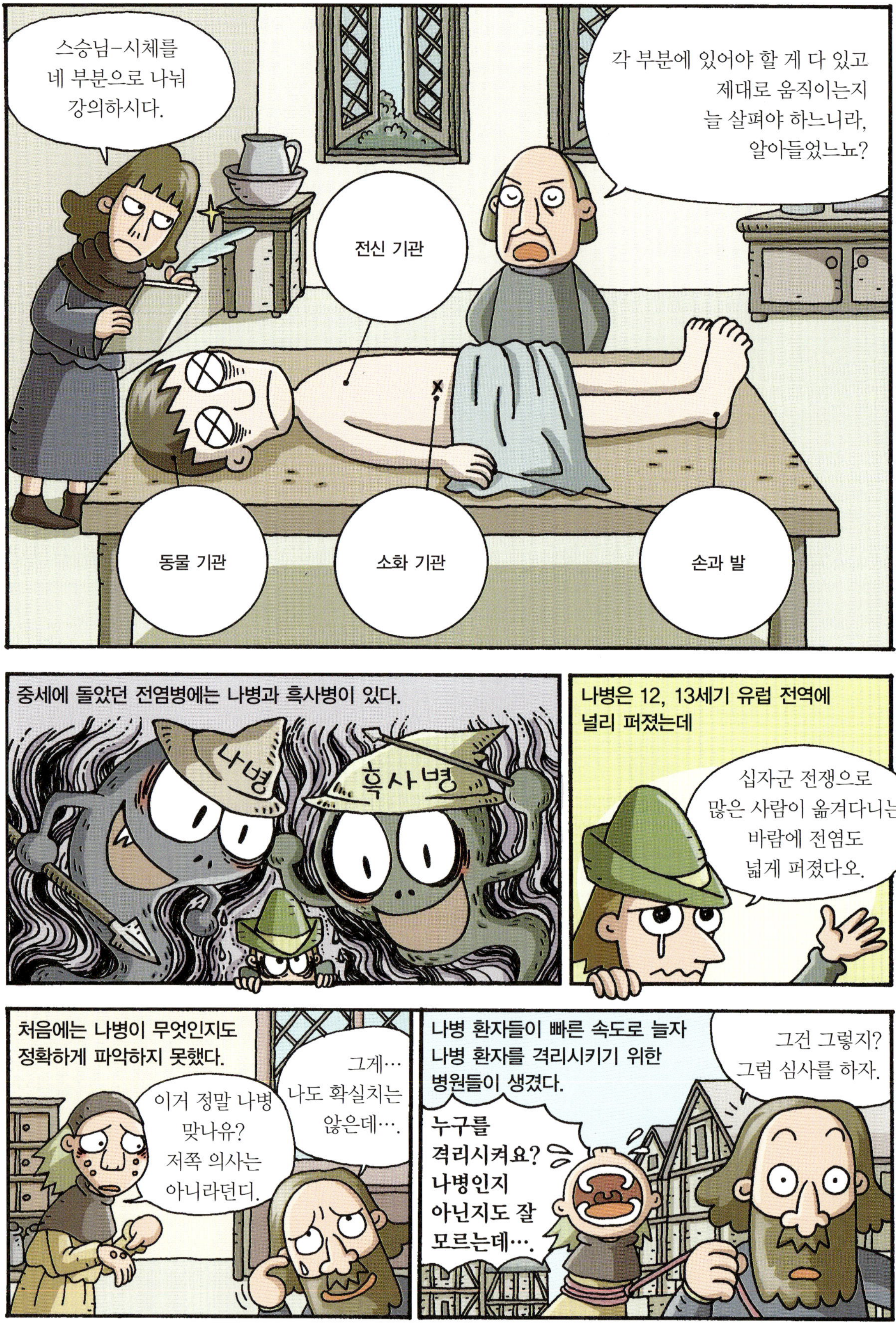

스승님─시체를 네 부분으로 나눠 강의하시다.

각 부분에 있어야 할 게 다 있고 제대로 움직이는지 늘 살펴야 하느니라, 알아들었느뇨?

전신 기관

동물 기관

소화 기관

손과 발

중세에 돌았던 전염병에는 나병과 흑사병이 있다.

나병은 12, 13세기 유럽 전역에 널리 퍼졌는데

십자군 전쟁으로 많은 사람이 옮겨다니는 바람에 전염도 넓게 퍼졌다오.

처음에는 나병이 무엇인지도 정확하게 파악하지 못했다.

이거 정말 나병 맞나유? 저쪽 의사는 아니라던디.

그게… 나도 확실치는 않은데….

나병 환자들이 빠른 속도로 늘자 나병 환자를 격리시키기 위한 병원들이 생겼다.

누구를 격리시켜요? 나병인지 아닌지도 잘 모르는데….

그건 그렇지? 그럼 심사를 하자.

심사는 너무나 애매모호했다.

대개는 성직자가 참석해 나병이 걸렸는지를 검사했는데

의사가 참석한 경우는 드물었고, 거의 겉모양만 보고 판단하는 경우가 많았지….

게다가 겉모양으로 판단할 수 없을 땐 황당하게도 환자의 피나 오줌으로 실험을 했죠.

음— 냄새가 나는 걸 보니 환자가 분명하군

그래서 피부병 환자들을 나병 환자로 오해해 격리하기도 했고

억울해요!

나병

뻥

미운 사람을 쫓아내기 위해서 나병 환자라고 거짓 고발하는 일도 자주 일어났죠.

쟤 나병 환자래요

결국 나병의 정체는 19세기 노르웨이의 한센에 의해서 밝혀지게 되지요.

중세의 나병 환자는 거리를 다닐 때 자신이 나병 환자라는 것을 표시하고 다녀야 했고

개에게 종기를 핥게 하는 등 이상한 방법으로 치료를 받는 수난을 겪기도 했죠.

할짝

14세기 중엽부터 전 유럽을 휩쓴 흑사병은 유럽 인구의 $\frac{1}{3}$ 정도가 죽는 대참사를 일으켰다.

흑사병은 전염 속도가 너무나 빨라 손쓸 사이도 없이 한 마을을 몰살시켰지요.

이 병에 걸리면 피를 토하고 팔다리에 종기가 생기다가 며칠 만에 죽었죠.

사람들은 이 병에 대해서 아는 것이 없었기 때문에 공포가 더욱 심했고

온갖 예방법과 유언비어가 무성했죠.

예를 들면 시장이나 축제같이 사람들이 모이는 행사는 금지했지만…

신이여 보호해 주세요

종교 행렬은 허락했는데, 이건 또 하나의 전염 원인이었지요.

게다가 여성에게 키스하는 건 금지했지만

성물에 대한 입맞춤은 신의 보호를 받는다는 생각 아래 장려했고…. 당연히 이것도 전염의 원인이 됐겠죠?

쪼쪽 쪼

빨리 해

못 들어가!

성문을 닫아걸어 사람이 오가는 것은 막았지만

성벽 밑을 다니는 쥐 같은 것에는 신경 쓰지 않았다는 걸 보면 당시 예방법이 얼마나 허술했는지 짐작할 수 있죠.

히히 사실은 내가 범인인데

그러나 흑사병에 대한 지식이 쌓이면서

이걸 알아내는 동안 인구가 $\frac{1}{3}$이나 줄었다고.

이제는 좀 알 수 있지. 이 병이 공기만으로도 전염될 수 있다는 사실을 말이지.

방역법도 개발했다.

흑사병은 정말 중세의 엄청난 재앙이었어.

75

중세의 연금술

연금술은 이슬람의 지식이 중세 사회에 들어오면서 전해졌는데

이것도 재밌고 저것도….

고마워

평소 실험 과학에 관심을 가진 사람들의 흥미를 끌었다.

어이! 오래간만!

어? 당신도 연금술에 관심 있어요?

베이컨 저 사람은 꼭 낄 줄 알았어

그렇지만 우릴 다 똑같이 보면 안 되지. 나는 조건부로 연금술을 인정한 거였어.

나도…. 연금술이 뭔지 책에 조금 쓴 것뿐 그다지 믿지는 않았다고.

에? 그럼 홀딱 빠진 사람은 나밖에 없단 말예요?

그럼 그렇지

중세 사람들도 연금술의 유혹에 넘어갔는데

금도 탐나지만 신비로운 분위기도 멋지고….

누군들 안 그러겠어요?

기독교는 물론 연금술을 반대했으며

허황된 말로 신도들을 유혹하는 사탄인 게야.

쫘약

연금술

76

법으로도 연금술을 금지시켰다.

연금술사는 잡히면 무서운 벌을 받았고요.

마술사라나 뭐라나 하면서……

내 꽈!

14세기에는 연금술에 필요한 증류기 등을 개인이 가질 수 없게 했지요.

안 돼요

그러나 강력하게 금지를 시켰다는 것은 그만큼 연금술이 많이 연구되고 있었기 때문인 거죠.

우리도 뭉치면 만든다고

에스파냐의 아르날도는 의학, 점성술, 외교 등 여러 분야에서 활약한 사람으로

아르날도
(1240~1311)

연금술이나 주술을 다룬 논문을 120편 정도 남겼다.

이걸 어떻게 다 썼지? 내가 봐도 너무 많은데?

이 글들은 아마도 대부분의 연금술서들이 그러하듯 가짜일 겁니다. 제가 죽은 뒤에 누가 쓴 거겠지요.

연금술사들은 자신의 안전을 위해서

이 시대엔 다들 그랬어요

또 유명한 연금술사의 명성을 빌리기 위해서 지은이 이름을 거짓으로 쓰는 경우가 많았거든요.

이런 가짜 책 중 『보전 중의 보전』이라는 책이 있죠.

보전 중의 보전

이 책의 지은이는 알 수 없지만 연금술사들 사이에 널리 읽혔으며 프랑스 어, 독일어, 영어 및 이탈리아 어로 번역되기도 했죠.

프랑스어

독일어

영어

이탈 리아 어

이 시대 또 한 명의 유명한 연금술사로 라몬 룰이 있는데

라몬 룰
(1234~1315)

그는 프란체스코회에 속해 있던 스콜라 학자였고 몽펠리에 대학의 교수였다.

주로 삼각형이나 원을 이용해 진리를 알아내는 걸 연구했지요.

그는 북아프리카 근처에서 기독교를 전파하다가 돌에 맞아 죽었는데

까불고 있어

그러지 말고 믿으라니까

그가 죽은 다음에 그의 이름을 단 연금술서가 80편이나 나왔다.

이게 어찌 된 일이냐? 나는 생전에 연금술을 안 믿는다고 분명히 밝혔다고.

가짜임이 분명한 이 책들의 내용을 살펴보면 다음과 같다.

우선 많은 표가 실려 있지요.

그리고 연금술의 내용을, 알파벳을 기호로 바꾸는 방법으로 써 내려 갔습니다.

내가 아니라니까!

연금술서 중에는 라틴 어로 쓴 논문집들도 발견되었는데

우리가 교과서로 쓰는 책이야

논문집

이것들은 13세기 후반 게버라는 알 수 없는 인물이 썼다고 한다.

이슬람 연금술의 대표적 학자 자비르 하이얀을 라틴 어로 옮기면서 이렇게 바뀌지 않았나 추측하지요.

또 이슬람의 '순결 형제'들이 지은 게 아닐까 하는 추측도 있고요. 어쨌든 이슬람과 관계있다는 건 확실합니다.

이 논문 중 눈여겨볼 것은 『완전한 전서』라고 불린 책인데 아주 실제적인 책이라…

중세 유럽에서 연금술의 교과서 역할을 했죠.

이 책엔 금속이 유황과 수은에서 만들어졌다고 적혀 있으며 금속들 각각의 성질과 정의, 승화, 증류, 용해, 응고, 정착 방법 등이 상세히 기록되어 있죠.

정말 우리 꺼랑 똑같네…

그런데 원래부터 상징적인 그림을 많이 쓰던 연금술 책은 정도가 점점 더 심해지지요.

이게 뭘 나타내는 그림이지?

예를 들어 초기의 불완전한 물질은 뱀이나 용으로 나타냈고

물질이 부화하는 용기는 임산부의 방 등으로 나타냈죠.

이 그림들은 각각 죽음과 결혼, 승천, 정화와 현자의 돌을 나타낸 그림입니다. 거의 암호 수준이죠?

현자의 붉은 돌을 상징하는 날개가 있는 양성 구유자

부활을 위한 죽음

죽은 사람의 혼이 승천하는 모습

태양(금)과 달(은)의 결혼

사체를 씻어 깨끗하게 하는 이슬 하강

연금술은 사람들의 끊임없는 도전에도 불구하고 별로 새로울 게 없었죠. 왜냐하면 연금술은 불가능한 것이기 때문이었죠.

기술의 발전

지금까지 나온 중세의 과학들은 거의 성직자들의 과학이었다.

과 학

영주와 성직자들은 전체 인구의 10%도 되지 않았으며

사실 영주들도 지식인으로 보기는 힘들었지요.

읽어봐

게다가 성직자들은 과학을 신에게 이르는 수단 이상으로는 생각하지 않았다.

나같이 과학적이던 사람도 그랬으니까 뭐 다른 사람들이야….

그러나 이런 상황에서도 기술의 변화는 이루어지고 있었다.

생활은 이론과는 상관없는 거니까.

먹고사는 문제야 언제나 중요했고….

로마에서도 보았듯이 이론이 없어도 기술은 발전하지요.

봉건제가 자리를 잡자 농업이 장려되었는데

봉건제는 영주를 중심으로 한 지방 자치의 성격이 강하잖아요.

영주들은 자기 땅에서 더 많은 곡식이 나길 바라서

새로운 농업 기술을 찾기 바빴죠.

이를 중세의 농업 혁명이라고 한다.

이 농업 혁명은 여러 가지 조건이 맞아떨어지면서 가능해졌지요.

개척지

우선 북유럽의 축축하고 기름진 평야들을 개척했는데…

700년에서 1200년 사이엔 기후가 따뜻하고 건조해져서 농사짓기에 좋았지요.

그리고 이 새로운 땅과 기후에 알맞은 농업 기술을 때맞춰 개발했는데…

첫 번째가 무거운 쟁기이지요.

원래 로마 사람들은 사람이 들고 다닐 수 있는 가벼운 쟁기를 사용하다가

4세기 무렵 로마를 침입한 튜튼 족에게 여러 가지 새로운 것을 받아들였죠.

요즘 유행하는 모잔가?

그건 바지라고…, 다리를 끼는 거거든.

이건?

그건… 먹는 건데.

그럼 이건…?

그건 쟁기라고 하지.

이게 쟁기야? 이렇게 무거운 쟁기를 어떻게 쓰냐? 당신들 힘 세다고 자랑하는 거야, 뭐야?

뭔 소리야? 이걸 사람이 왜 끌어?

이건 소가 끄는 거야. 시간과 힘이 훨씬 덜 든다고.

이렇게 소가 끄는 쟁기는 지중해의 가볍고 건조한 흙에는 안성맞춤이지만

유럽의 무겁고 축축한 흙은 깊이 갈아지지 않아서

밭을 두 번씩 갈아야 하는 번거로움이 컸지요.

한 번 간다

두 번 간다

농민들은 땅을 더 깊이 갈기 위해 발로 쟁기를 눌러야 했는데…

그러기 위해선 무겁고 긴 쟁기를 써야만 했죠.

뚝딱 뚝딱

무거운 쟁기는 한 번만 쟁기질을 해도 밭고랑을 깊이 갈아 엎을 수 있었고

밭고랑이 깊어지면서 물을 빼기도 쉬워져

집약 농업을 할 수 있게 한 일등 공신이었답니다.

두 번째로 농업 혁명을 가능케 한 것은 말의 사용입니다.

로마 시대의 마구는 말이 힘을 쓰면 목을 조르게 되어 있어서

말이 힘을 제대로 쓰지 못했고, 그래서 농사에도 이용할 수가 없었죠.

차라리 날 죽여라!

이랴 이랴

그러다가 800년 무렵 말 목을 조르지 않는 마구를 중국에서 들여오면서

말을 사랑하는 입장에서 주는 거다 해.

오호~, 속에 헝겊을 덧대니까 말이 힘을 다해 끌어도 숨이 막히지 않겠구먼.

농사에 말을 이용하기 위한 여러 가지 마구들을 개발하기 시작했죠.

이건 말굽을 보호해 주는 편자인데요…

말이 돌밭에서도 자유롭게 다닐 수 있게 해 주었죠.

또 1050년 무렵에는 여러 마리 말을 한꺼번에 끌 수 있는 멍에를 개발했고요….

확실히 말은 소보다 농사짓는 데 이로운 점이 많았지요.

일단 소보다 더 오랜 시간 동안 더 빠르게 일할 수 있어서

경작지가 매우 넓어졌지요.

소가 못 가는 자갈밭? 산밭? 다 제게 맡겨 주세요.

그래, 너 다리 길어서 좋겠다.

게다가 사료도 구하기 쉬웠고….

난 맛없는 거 싫어! 신선한 풀이나 밀짚을 줘.

겨울이라서…. 이걸로 좀 참아 봐라.

주인님, 주인님! 전 귀리면 되거든요.

말이 끄는 쟁기는 삼포식 농업★을 가능하게 했고,
이것이 생활을 풍요롭게 해 주는 밑거름이 됐다.

얼마나
편해졌는지
몰라요.

★삼포식 농업-농지를 셋으로 나누고, 매년 ⅓씩 번갈아 쉬게 하여 땅의 힘을 살리는 농사법.

그 이전 시기에는 비료가 모자라
해마다 경작지의 절반을 묵혀 두어야 했다.

가뜩이나 땅이 좁아서
계속 농사를 지어도
제대로 먹을까 말까 한데
2년씩 경작지를
묵혀 두다니….

할 수 없잖아.
그래야 농사가 제대로
되는걸. 땅을 기름지게
만드는 법만 알아도
이러진 않을 텐데….

중세인들은 귀리, 보리, 콩 등의 새로운
작물을 얻었고

콩

이런 작물들은
추위에 강한 데다
콩은 땅의 힘을
북돋아 주는
식물이기도
하거든요.

귀리   보리

땅을 세 부분으로 나눠 3년을
주기로 순환시켰다.

2년에 한 번
쉬는 거보단
3년에 한 번 쉬는 게
조금 낫지.

춘경기(봄에 씨 뿌리기)
추경기(가을에 씨 뿌리기)
휴한기(노는 땅)

삼포식 농업

봄에 씨 뿌려 거두는 땅

가을에 씨 뿌려 거두는 땅

쉬게 놔두는 땅

올 봄에 씨를 뿌려서 수확을 하면 내년엔 가을에 씨를 뿌리고 또 그다음 해엔 한 번 쉬고, 이런 식으로 돌아가면서 땅을 관리하는 것이 삼포식 농업이지요.

이렇게 하니까 2년에 한 번씩 땅을 쉬게 하던 때에 비해 30~50%쯤 더 수확하게 되었지요.

봉건제의 경제 기반은 토지였고 사람들은 영지 안에서 자급자족을 했다.

필요한 모든 것들이 영지 안에서 만들어졌죠.

'영지'라는 울타리 안에서만 살아야 했던 봉건제에서는 어떤 영지에 들어가 농사를 짓지 않고는 살아갈 수 없었답니다.

곡식을 더 많이 거두려면 기름진 땅이 더 많아야 했기 때문에 사람들은 개간을 하기 시작했다.

개간은 농노들을 더 잘살게 해 주었으므로 다들 열심히 참여했답니다.

내가 부치는 땅도 늘어난다는 얘기니까

아직 농사를 짓지 않는 땅이나 황무지를 농사지을 수 있게 만드는 것이 개간이지요.

그러나 이렇게 농지를 넓혀 나가는 것도 13세기 말엽에는 한계에 부딪혔다.

이 넓은 땅을 어떻게 다 경작하냔 말이야

봉건제에선 다른 지역에서 일손을 구할 수도 없었다고.

농지는 계속 늘어나는데 거기서 일할 사람은 모자라게 된 거지.

안정적이던 경제는 이때부터 심각한 위기를 맞는다.

더 이상 자급자족으로 살 수 없다는 얘기지. 봉건제가 뿌리째 흔들리게 된 거야.

부족한 일손을 메우기 위해 사람들은 여러 장치를 만들기 시작했다.

우선 물레방아! 이건 기원전부터 쓰던 것이지만 중세에는 더 많이 썼지.

11세기에는 영국에만 5000개 정도가 만들어졌거든. 이건 인구 400명에 하나꼴로 물레방아를 썼다는 얘기라고.

♪ 내 고향 평령엔 물레방아가 있다네 ♪

물레방아를 처음 쓸 땐 곡식을 빻는 데 이용했지만 차츰 다른 데 쓸 수 있게끔 만들었죠.

이건 수력의 회전 운동을 왕복 운동으로 바꾼 제철 제작 기계지요.

땡강☆

12세기경에는 풍차가 등장했는데, 물레방아와
더불어 모든 산업의 기반이 되었다.

히히히.
기계가 다 해 주니
편한걸.

으이구,
그게 좋은 일인 줄 아냐?
일거리가 없어지면
밥은 어떻게 먹냐?

이렇게 농업 혁명과 기술 발전으로 식량과 일손이 남자

농업 혁명

기술 발전

남는 식량

남는 일손

농사를 짓지 않는 사람들이 늘어났다.

도시

처음에 도시는 수공업 제품을 제작하고 거래하기 위해 만들어졌죠.

도시는 화폐 경제와 함께 부활했으며

무엇에 쓰는 물건인고?

상업과 무역이 발달하자

이거 비슷비슷한 가게들이 너무 많아. 뭔가 새로운 물건을 팔아야 하는데….

요새 인도에서 직접 물건을 가져오겠다는 사람이 있던데…. 자네가 여행 비용을 좀 더 주면 어떻겠나?

새로운 항해상의 발견도 활기를 띠게 되었다.

육지다!

드디어~.

이제 우린 부자가 될 거야! 신비한 향료랑 비단이랑 차랑 가져가서 팔면….

여기에는 배를 만드는 기술이 발달하면서
큰 도움이 되었고

큰 돛 앞부분의 아래쪽을
뱃머리보다 튀어나오게
만들어 배가 바람을
제대로 탈 수 있게 했지요.

배꼬리에 키를 달아
정확하고 재빠르게
방향 조절을 할 수 있게
되었고요.

이러한 기술의 발달은 노를
저어야 하는 수고를 덜어 주었고,
나침반 등을 사용함으로써
항해 범위가 더 넓어지게 됐죠.

새로운 발견을 통해 쌓인 부는 다시 도시들을 발달시켰다.

난 왜 건물에
시계를 설치
했나 했더니…

이것을 계기로 13세기엔 처음으로
반복 운동을 하는 시계를 만들었는데,
이 시계는 너무 크고 무거운 데다
조잡하기까지 해서 공공건물이나
수도원 같은 데만 달았죠.

도시는 점점 화려해졌어요.
11세기 중엔 기계 장치에 의해
추가 앞뒤로 흔들리는
시계가 만들어졌죠.

92

이것이 바로 세계에서 처음 만든 기계 시계입니다. 아주 크고 복잡하지요.

1232년에서 1370년 사이에 39개의 시계가 만들어졌다는 기록이 있습니다.

그리고 조반니 데 돈디는 천체의 운행을 나타내는 시계를 처음으로 만들었는데

이 시계는 태양, 달, 5행성의 운행을 정확하게 나타냈죠. 또 해마다 날짜가 바뀌는 교회의 경축일들을 표시해 주는 달력 역할도 했답니다.

그리고 이런 기술이 발전하면서 사람들에게 시간을 알리기 위한 여러 자동 장치들도 만들어졌지요.

꼬끼오

1350년 무렵 스트라스부르 대성당 위에 설치된 시계는 수탉 인형이 머리를 내밀고 날개를 펄럭이면서 시간을 알렸지요.

도시들은 경쟁적으로 시계를 설치 하려고 했지요

16세기가 되면 크기가 작아지고 값도 싼 휴대용 회중 시계가 많이 사용되고요.

늦었다 늦었어

어디 가니?

시계를 사용하면서 유럽 인들의 생활은 매우 합리적으로 바뀌었죠. 그전과는 달리 제시간에 일을 끝낼 수 있어 일의 효율성도 높아졌지요.

물레방아와 시계로 시작된 기계에 대한 관심은 점점 커졌고 이에 따른 여러 가지 시도가 있었다.

뭐든지 할 수 있는 데다 힘도 안 들고.

이 정도 원리라면 나도 만들 수 있지 않을까?

음~ 신기해. 정말 신기해!

프랑스의 건축가이자 기술자인 빌라르 드 온쿠르는

빌라르 드 온쿠르
(13세기경 활동)

건축 사업을 했는데 양피지에 직접 그림을 그린 『건축도집』이 남아 있다.

이 책은 중세 건축사에서 하나밖에 없는 기록이라 굉장히 중요하지요.

여기에는 '건축 설계', '구축법', '석승법', '목공법', '실용 기하학', '예술 해부학', '비례와 대칭의 연구', '무기', '영구 운동 기계' 등의 내용도 들어 있지요.

사람들은 여러 분야에 대한 관심과 기계 도면들 때문에 그를 레오나르도 다빈치에 비유하기도 했다.

당신도 만능인이야?

비록 실제로 만들어지지 않은 것도 많지만 그의 도면을 보면 얼마나 많은 연구를 했는지 알 수 있다.

바늘이 항상 태양이 있는 쪽으로 향하는 장치.

이건 매의 머리가 여러 방향으로 돌아가는 장난감이죠.

수력을 이용한 톱이고요.

또 그는 영구 운동 기관에 대해서도 처음으로 다루고 있다.

영구 운동 기관이란 한 번 움직이기 시작하면 다른 힘을 가하지 않아도 계속 움직일 수 있도록 만든 장치죠.

많은 사람들이 영구 운동 기관을 꿈꿨고 만들려고 노력했지만 결국 실패했죠.

나도⋯⋯

심지어는 영구 운동 기관을 이용한 사기단까지 있을 정도였으니까…. 결국 영구 운동 기관이 불가능하다는 것은 19세기가 되어서야 밝혀지죠.

영구 운동 기관은 연금술 처럼 허황된 거라고

영구 운동 기관은 이 시대 사람들이 얼마나 새로운 에너지원을 찾았는지 보여 주는 증거라 할 수 있지.

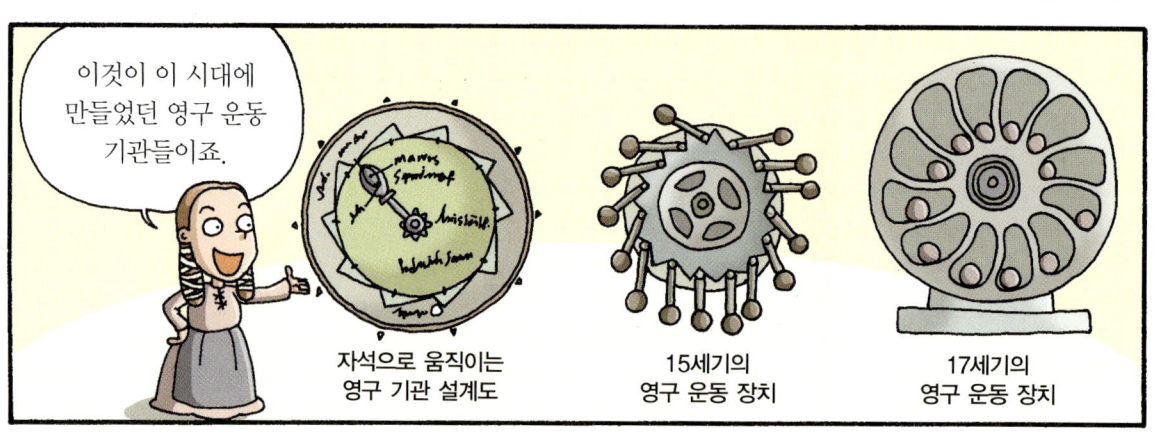

이것이 이 시대에 만들었던 영구 운동 기관들이죠.

자석으로 움직이는 영구 기관 설계도

15세기의 영구 운동 장치

17세기의 영구 운동 장치

그리고 광학 기술도 매우 발달하지요. 이론적으론 그로스테스트와 베이컨이 길을 터놓았고요.

13세기 사람들은 유리를 갈아 다듬으면 빛을 굴절시킨다는 사실을 알게 되었죠.

그래서 둥근 유리를 가지고 가운데가 볼록하고 가장자리는 얇게 갈아 낸 물건을 만들게 되었고

모양이 서양의 렌즈콩과 비슷했기 때문에 렌즈라는 이름을 붙였죠.

사람들은 햇빛을 모으는 데 이 렌즈를 쓰기도 했는데….

지글 지글

이탈리아 인 실비나데즐리 아르마티는 이 유리 렌즈를 다른 데에도 쓸 수 있다는 걸 알게 되었죠.

사람들은 나이가 들수록 가까운 곳의 물체를 보기가 힘듭니다.

보여요?

이럴 때 눈에 렌즈를 대면 잘 보이거든요. 나는 코 위에 얹는 테에 렌즈를 끼워 넣는 안경을 발명했지요.

잘 보여요

아 아름다워라~

사람들은 나이 들어서도 일을 할 수 있게 되었고, 안경은 커다란 인기를 끌었지요.

우린 곧 알게 되었죠. 모든 사람들이 볼록 렌즈를 낄 수 없다는 것을 말이죠.

난 더 안 보여

더듬 더듬

근시인 사람이 원시용 렌즈를 쓰면 더 안 보이죠. 안경사들은 이 문제를 해결하려고 노력했지요.

그래서 16세기 무렵이 되면 근시용 오목 렌즈를 만드는 데 성공하게 되죠.

안경사들은 꾸준히 실험을 했습니다. 그들은 학자들이 별로 관심을 두지 않는 자세한 부분까지 다뤄야 했으니까요.

그리고 안경뿐만 아니라 다른 것들도 마찬가지였죠. 기계가 산업에서 차지하는 자리가 커진 이상 정비와 개선은 꼭 필요한 거니까요.

동방에서
전해진
발명품들

중세 기술의 발전에는 다른 나라에서 전해진
발명품들의 영향이 컸는데

이건 뭐야?

이건 또 뭐지?

중요한 발명품들은 대개 이슬람과 중국 같은
동방에서 온 것이었다.

고물 키

종이

화약

마구

나침반

특히 중국에서 전해진 기술은
문화적으로 중요한 평가를
받는다.

중국은 서양과
전혀 다르고 훨씬 더 발달한
문명을 갖고 있었지요.

어떤 기술들은
서양보다 무려
1000년이나 빨랐어요.

중국과 유럽의 공식적인 교류는 없었지만

개인이 하는 여행이나 무역, 전쟁에서 생기는 포로의 교환 등….

또 결정적으로 양쪽과 맞닿아 있는 이슬람을 통해서 문명이 전파되었죠.

특히 종이, 인쇄술, 나침반, 화약은 유럽 사회를 근본적으로 바꿔 놓을 만큼 큰 영향력을 가졌지요.

그랬어?

저런… 어지러웠겠다 해.

쯧쯧

…가장 먼저 전래된 것은 나침반이었어요.

먼저 이슬람 선원들에게 전해지고, 그 후 중세 유럽에 전해졌죠.

나침반은 처음에는 정북에서 조금 벗어나는 게 문제였는데, 13세기 이탈리아에서 이것을 해결하는 기술이 나온 뒤엔…

처음 나온 나침반

개량된 나침반

유럽의 항해 영역이 크게 넓어졌죠.

이렇게 별이 안 보이는 날에도 OK! 먼 바다도 두렵지 않다!

그러다가 르네상스 때는 대항해 시대가 열렸고요.

금!

새로운 땅!

향료!

또 신대륙 발견이요!

또? 정말 지도 못그려 먹겠네….

옛날식 지도 제작법으론 못 버텨…. 새로운 방식이 필요해.

이렇게 지리학이나 천문학의 도구를 발전시키는 데도 영향과 자극을 주었죠.

종이는 105년경 중국의 채륜이 발명했는데

나무껍질, 고기 잡는 그물, 헌 옷 등을 잘게 찢어 물에 불렸다가 틀에 떠서 말리면 되지요.

1150년경 제조법이 이슬람에 전해졌으며

좋게 말할 때 불어

종이 만드는 법만 알려 주면 안 때릴게

당나라와 이슬람이 전쟁을 할 때 종이 만드는 기술자가 포로로 잡힌 거야.

유럽에 전해진 것은 1189년경이다.

아시다시피 유럽에서는 그때까지 양피지를 썼잖우. 양피지는 소나 양의 가죽으로 만들었는데

동물의 가죽을 깨끗이 씻어서 석회수에 담가 표백한 뒤, 표면을 갈아서 부드럽게 하는 것으로….

산 겹 속

그래서 양피지는 만드는 데 시간도 오래 걸리고 값도 비쌌지.

책 한 권 만들려면 소가 200마리나 필요하다고

게다가 무겁기는…

그리고 아직 인쇄술이 없던 시기라 책을 만들려면 사람이 일일이 베껴 쓰는 수밖에 없어서

책은 정말 귀하고 비싼 존재였다우.

책을 베껴 쓰는 필경사들도 큰일이 났죠. 책을 찾는 사람들은 점점 많아지는데 필사본을 빨리 쓰는 것도 한계가 있고….

내 팔이 제대로 붙어 있어?

몰라 말시키지 마

떠들지 말고 일이나 하라구

그래서 궁하면 통한다고 인쇄술이 혜성처럼 나타난 거죠.

인쇄술

사실 인쇄술은 몽고인들이 이미 전해 줬지만

인쇄술의 전파도 전쟁 덕분이지

필요성을 못 느껴서 쓰지 않았죠.

심드렁

인쇄술

그러다가 드디어 목판 인쇄를 시작한 거고요.

사실 이 방법은 일일이 파내야 하므로 조금 번거로웠는데요

15세기 중엽에는 글자를 바꿔 낄 수 있는 금속 활자로 만든 인쇄기가 만들어지죠.

압지판

잉크 묻히는 봉

활자판

이 기계를 만든 사람은 구텐베르크였는데요, 1450년에 처음으로 성경책을 인쇄했지요.

늘 잘 팔리는 책이지요.

압축기

압지판

내가 성공한 이유는 또 있지. 진하고 빨리 마르는 인쇄용 잉크를 만드는 데 성공했거든.

호두, 잣 등의 기름을 이용한 유성 잉크

구텐베르크

우연히 성공한 게 아니라고

에헴

종이와 인쇄술의 발달은 여러 가지 결과들을 낳았지요.

일반인들이 성서를 직접 사서 볼 수 있게 되자 교회에 여러 가지 반박들을 했고…

나도 성서를 읽어 봐서 아는데 면죄부는 좀 이상해!!

나중에 종교개혁을 일으키는 결정적 원인이 되었죠.

구교

신교

으르릉

또 과학사에서는 그동안 기술자들이
경험해 온 지식들을 조금씩 기록으로
남기면서…

이건 나만 알던 내용인데…

그동안 기술과 분리되어 있던 과학을
다시 하나로 엮어 내는 계기를 마련했고

과학 기술

17세기 과학혁명을
일으키는 거름으로
작용하게 되지요.

르네상스

과학혁명

유럽을 흔든 또 다른 전래품은 화약이다.

원래 유럽에는
667년 칼리니코스가
만든 '그리스의 불'
이라는 화약 비슷한
무기가 있었는데…

유황과 수지, 생석회,
석유를 혼합하여 만들었다고는
하지만 제조법이 제대로
전해지지는 않았지요.

그런데 중국에서
발명한 화약이 전해지자
1325년에는 대포가
등장합니다.

이건 성에서
공격해 나오지
못하도록 접주기
위한 무기지

처음에 만든 대포는
항아리 모양에 화살촉이
붙은 화살탄을
발사하다가…

피웅

점점 성벽을 부수기 위한 무기로 발전합니다.
슈웅—
이럴 수가… 그 어떤 무기에도 버티던 성벽이….
성과 기사들은 중세의 상징이었지만 대포 앞에선 무력할 수밖에 없었죠.
대포는 학자들의 호기심을 자극하는 신기한 물건이었는데
원리가 뭐래?
위험해—
이 관심은 포탄의 운동에 대한 연구 등으로 이어졌고, 결국 역학이 발전할 수 있는 힘으로 이어졌지요.
그리고 부유한 상인들의 경제적 지원으로 대포를 가지게 된 왕의 힘이 커지면서
네가 옛날에 날 협박했지?
에이 뭘요—
진정한 기사의 시대는 끝났는가! 로시난테여
봉건제인 중세가 끝나고 절대 군주 시대가 오게 됩니다.

르네상스

기술과 과학이 결합하다

레오나르도 다빈치

1452년 이탈리아에서 태어난 레오나르도 다빈치는

내 이름을 풀어 보자면 빈치 마을에 사는 레오나르도란 뜻이 되지.

화가이자 공학자였고, 폭넓은 관심과 인문주의 사상으로 이 시대를 대표하는 사람이다.

내가 이 시대 대표 선수로 뽑혔단 말이지?

허허… 이 사람들, 사람 볼 줄 아는구먼.

이 시대는 만능인 것이 미덕이었죠. 그래서 여러 방면으로 뛰어난 다빈치가 대표가 된 거예요.

어릴 때부터 그림에 소질을 보인 다빈치는

금상

병아리반 레오나르도 다빈치

화가 베로키오의 제자로 들어가 예술 교육을 받았는데

우리 선생님도 화가이자 금속 세공인으로 다재다능 하셨지.

아암. 나라고 유행에 뒤질 수 있나?

이때 배운 원근법과 금속 세공 기술은 그가 기계공학에서 재능을 발휘할 수 있도록 했다.

그러나 다빈치는 거기에 만족하지 않았고

에이~, 왜 다들 치렁치렁한 옷을 입고 있는 거야?

툴툴

예쁘기만 하구면, 뭐가 문젠데?

아냐.

아니긴 뭐가 아냐? 얘기해 봐.

됐어. 얘기하면 화낼 거잖아.

어허. 날 믿고 얘기를 해 보라니까?

사실 난 누드화를 그리고 싶어!

뭐라고? 이런 엉큼한 놈! 어떻게 그런 생각을 했지?

거봐, 화내잖아. 그래도 난 인체를 더욱 잘 표현하려면 누드화를 그려야 한다고 생각해.

말은 또 잘 갖다 붙여요. 엉큼해서 그런 거면서….

게다가 몸짓과 표정의 기초를 알기 위해선 누드뿐만 아니라 해부까지 해야 한다고 봐.

무서운 놈! 언젠가는 일 저지를 녀석!

급기야 당시 금지 사항이던 해부를 실행한다.

기어이 일을 저질렀구나! 그것도 30명이나 해부를 하다니….

이때 그는 의사와 예술가를 위한 인체 해부학 지도를 만들려고 했다고 한다.

사실 해부하다 말고 그림 그리는 게 썩 유쾌하진 않았지. 게다가 이건 불법이기도 하니까.

이런 위험과 불편을 겪지 않고 해부학 지식을 얻을 수 있는 책이 있다면 무지 잘 팔릴 것 같지 않아?

120

넌 그거밖에 모르지?

난 그건 안다. 다빈치의 모나리자.

아냐. 두루마리 휴지도 알 거야.

음…, 미완성 그림까지 쳐도 17점밖에 안 되는군.

겨우? 엄청게을렀나 보네요.

아냐, 이건 내 자랑 같지만 나처럼 부지런한 사람도 사실 없어.

자랑 맞네, 뭐.

나는 말이야 건축, 천문, 동식물, 천사, 무기, 기계, 광학에 이르기까지 알고 싶은 건 다 연구했거든.

내가 먹을 수 있는 건 모두 다 먹듯이….

그림이란 내가 가진 수많은 지식을 나타내는 방식 가운데 하나였을 뿐이니까.

알았어요. 됐으니까 이제 그만 하세요.

무슨 소리, 이제부터가 중요한 건데!

그림이란 화가의 정신을 자연의 마음으로 변화시키고….

자연에 대한 해설자가 되게 하며

잘못 건드렸다 싶어

자연의 모습에서 법칙을 찾게 하는 것이거든.

아함

그리고 나는 자연의 법칙에 흥미가 많았어!

깜

짝

저 새는 어떻게 날 수 있을까, 그거 알아?

그거야… 날개가 있으니까~.

그럼 사람도 날개가 있으면 날 수 있을까?

그건 무리죠.

나는 몇 년 동안 새의 날개를 관찰했지.

날아오를 때와 내려올 때 달라지는 날개 모습이랑….

이봐요. 그건 무리라니까요….

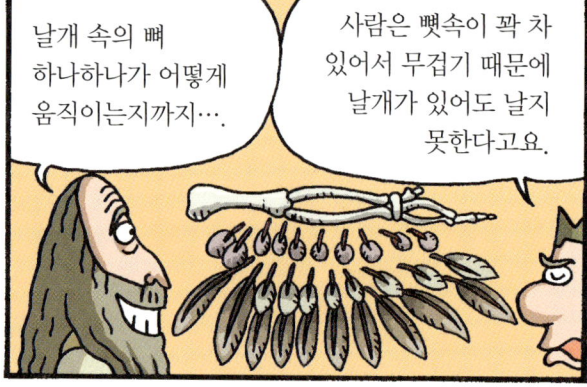

날개 속의 뼈 하나하나가 어떻게 움직이는지까지….

사람은 뼛속이 꽉 차 있어서 무겁기 때문에 날개가 있어도 날지 못한다고요.

그건 나도 알아! 그래도 난 날고 싶었거든!

천재한테 아는 척 하지 마—

그래서 늘 비행 기계를 만들려고 끙끙댔지….

정말! 설계 도면이 수백 장이나 되네요.

헬리콥터 모양 낙하산? 어… 이건 뭐예요?

그건 활 시위의 추진력을 이용해 본 거지. 사람의 근육은 비행 기계를 움직일 만큼 세지 않으니까 다른 힘을 이용해 볼까 하고.

그래서 결국 비행기 만드는 거 성공했어요?

……

내가 계획하고 설계한 기계들은 무수히 많다고.

성공했냐고요?

후원금을 받기 위해서 전쟁 무기도 많이 만들었지.

아, 그래요? 실패했구나.

지배자들은 예술이나 발명보다 전쟁 무기 만들어 주는 걸 더 좋아하거든.

실패했으면 그렇다고 할 것이지 말 돌리긴….

……

그래서 결국 진짜로 만든 기계는 뭐가 있어요?

……

…너무 정곡을 찔렀나?

그럼… 연구한 내용으로 책을 몇 권이나 냈죠?

……

다빈치가 도안한 기계 가운데 실제로 만들어진 것은 극소수였으며 책도 내지 못했다고 한다.

어? 갑자기 왜 우는 거예요? 이봐요, 울지 말아요!

어어 어엉

이는 다빈치가 매우 오래 살았고 부지런했지만
자신이 상상한 모든 것을 만들려는 욕심 때문에 일어난 일이다.

한 우물을 파라는
말이 왜 나왔는지
이제 알겠어요.

또한 다빈치가 그다지 명예에 대한 욕심이 없었던 이유도 크다.

남들은 별로 새로운
연구도 아닌 것을 마구
책으로 발표하는데….
비교되네요.
선생님 같은 사람이
진정한 학자죠.

사실 내가 기계들을 만들지
못한 데는 뼈아픈 이유가 있어.

쿨쩍

난 대학 교육을 받지 못해서
라틴 어를 몰랐거든. 그러니
과학책들을 읽을 수 없었어.

치사하지
뭐야

한마디로
기본기가
부족했던 거지.

그런데도 이런
설계도를 그렸다니
정말 놀랍네요.

또 울면
곤란하니
좀 띄워
주자!

하지만 난 대학 교육을 받지
않은 것도 나름대로
다행이었다고 생각해.

그건 왜죠?

음, 뭐라고 할까?
잘못된 것을
배울 일은
없었을 테니까….
왜, 교육이 다
올바른 것은
아니잖아.

그렇죠.

정말 중요한 것은 내가 어떤 기계를 만들었느냐가 아니고, 내가 어떤 생각을 했느냐 하는 거야.

나는 새로운 발명품을 만들기 위해 얼마나 많은 연구가 필요한지를 알았고, 똑같은 오류를 범하지 않도록…

완벽을 기하기 위한 수백 장의 스케치

모든 연구들을 기록했지. 자잘한 스케치까지 말이야.

그가 가르친 이 방법은 쓸모 있게 쓰였다.

원근법의 전파가 그림들을 효율적으로 만들었거든.

이렇게 좋은 건 배워, 배우라고.

사진이 발명될 때까지 연구자들은 관찰 스케치에 의존해 연구했기 때문이다.

인간적으로 너무 못 그렸다!

너도 급해 봐라, 이렇게 되지.

지리적 탐험의 시대

15세기 르네상스 시기는 고전뿐 아니라 세계 자체를 새롭게 발견할 수 있었는데

더 넓은 세계가 있다는 걸 알게 된 거야.

아! 멋진 신세계!

이것은 14세기 이후 자주 시도된 탐험 항해 덕분이었다.

그리고 새로운 항해 때마다 지도들도 알차지잖아요. 이렇게 단순한 지도들이 쓸 만하게 바뀌기 시작한 거죠.

항해를 하다 보니 지도가 정확해지고, 그 지도로 항해는 더욱 활발해져….

탐험 항해는 포르투갈과 에스파냐 두 나라가 중심이 되어 이끌어 나갔다.

특히 이 두 나라는 영토가 좁고 육지로는 더 이상 뻗어 나가기 힘들었기 때문에 바닷길로 재빨리 눈을 돌렸지.

안 쓸 수도 없고

게다가 후추 같은 동방의 향신료와 비단을 싸게 구할 수 있다는 것도 끌렸고….

아리비아 상인들이 육로로 와서 파는 동방의 물건들은 너무 비쌌거든.

1418년 탐험 항해가 시작된 이래

후추랑 바꿀 황금을 얻기 위해 아프리카 진출을 시작한 거야.

탐험가들은 아프리카 해안 끝까지 내려갔으며

인도로 가는 뱃길을 개척하려는 사람이 늘어났다.

나는 포르투갈의 왕자였는데 하도 인도에 가고 싶어서 말이야.

엔히크
(1394~1460)

서인도 제도에 아예 학교를 세우고 선원들을 교육시키거나 컴퍼스를 개조하면서 항해 능력을 길렀어.

왕자까지 팔 걷어 붙이고 나설 정도로 인도는 황금의 땅으로 생각했거든요.

에휴~ 그냥 가만히 있으면 이 고생은 안 했을 텐데……

이탈리아 피렌체의 천문학자이자 지리학자이던 토스카넬리는 대서양의 새로운 해도를 만들었는데

대서양 지도가 왜 필요했냐면 말이지.

토스카넬리
(1397~1482)

서인도 항로를 먼저 발견한 포르투갈과 에스파냐를 피해 인도에 가기 위해서였어.

그는 지구의 표면적을 실제의 $\frac{1}{4}$ 정도로 축소하는 오류를 범했다.

지구가 이렇게 큰 줄 몰랐지요.

토스카넬리는 그의 지도를 가지고 포르투갈의 왕 마누엘 1세를 설득했다.

글쎄~, 서쪽으로 쬐끔만 가면 인도에 도착한다니까요.

토스카넬리의 지도와 독일 지리학자인 베하임이 만든 지구의(地球儀) 등은
서쪽으로도 항해를 할 수 있다는 생각을 갖게 했다.

아메리카가 없는 지도

한번
믿어 봐요,
울랄랄라~.

바람 부는
바다 저편에는
인도로 가는 길
있겠지. ♪♪

베하임
(1459~1507)

이 가능성을 믿고 서쪽으로 떠났던 탐험 항해자 가운데
가장 유명한 사람은 콜럼버스였다.

난 토스카넬리의
지도만 믿은 게
아니라고.

고대의 지리학과
헤브라이,
이슬람, 유럽의
자료들을
열심히
연구했다고.

그래서 이만하면 도전해 볼
만하겠다 싶어 자신감을
가지고 출발한 거지.

그러나 콜럼버스의 탐험은 예상보다 훨씬 오래 걸렸다.

대체 어디서 계산이
틀린 걸까? 이렇게 먼 줄
알았다면 아마 출발도
안 했을 거야.

선장님
물도
떨어졌어요

쪼질

쪼질

꼬르륵

결국 신대륙을 발견해서 유명해졌지만

난 결국 인도를
발견한 거야!!

아닌데……
여긴
산 살바도르
거든……

신대륙은 콜럼버스의 목적지도, 그의 후견인이었던
에스파냐 왕실의 목적지도 아니었다고 한다.

네 번이나
항해할 돈을
대 줬건만 인도도
못 찾아가고….

무능한
녀석!

내가 발견한 것이
신대륙인지도 모르고
실의에 빠져 있다가
죽었다니까….

맞아!
난 무능해

결국 콜럼버스가 발견한 대륙은
다른 항해가의 이름을 따서 불렸고

아메리고 베스푸치
(1454~1512)

나야, 나.
1499년부터
네 번이나 신대륙에 갔던
항해자이자
천문학자였지.

독일 지리학자인
발트제뮐러가 1507년
자기 책에 신대륙을
소개하면서 내 이름을
붙였다고 하더군.

곧 인도 항로도 발견했다.

바스코 다 가마
(1469~1524)

서쪽으로 몇 번을
실패했으면
동쪽으로 가는 것도
한번 고려해 보는 게
생각 있는 사람의
자세 아니겠어.

난 아프리카
해안을 돌아서
인도로 가는 데
성공했지.

인도

가는 길에 폭풍우도
만나고 배에서 반란도
일어났지만

어쨌든 살아남은
사람들은 보석, 향료
등을 싼 값에 사서
큰 부자가 됐다고.

처음으로 세계 일주를 한 사람은 포루투갈 항해가인 마갈랴잉시이다.

영어로
마젤란이라고도
부른다던데….

마갈랴잉시
(1480~1521)

내 여행 얘기야
워낙 유명하니까…,
꼭 한번 읽어 보도록!
에헴.

난 에스파냐에서 출발해
남쪽을 향해 대서양을 건넜고
마젤란 해협을 지나

유럽

아시아

태평양

대서양

아프리카

태평양

인도양

남아메리카

마젤란
해협

태평양을 가로질러 필리핀까지
도착했다고. 이때까지의 고생이야
이루 말할 수 없지. 우린 먹을 게 떨어져
쥐나 대팻밥까지 먹어야 했거든.

결국 마갈라잉시는 필리핀에서
원주민과 싸우다 죽었고

에스파냐로 돌아올 수 있었던 사람은
겨우 16명뿐이었다고 한다.

우리가 처음에
207명이었다는 거,
얘기했던가?

희생이 너무 컸어.
그래도 어쨌든 난 처음으로
세계 일주를 한
사람으로 남고

지구가 둥글다는
것을 목숨 걸고
보여 줬다는 데
만족해야지,
뭐~.

두 번째로 세계 일주를 한 사람은 영국 해적 드레이크인데

해적이긴 하지만 합법적인 해적이지. 그러니까 해적이라고 부르지 말라고.

난 주로 에스파냐나 포르투갈의 식민지에서 오는 배를 털었단 말이야.

그는 영국 여왕의 허락하에 공인된 해적 노릇을 하면서

게다가 빼앗은 것은 다 여왕님께 드리거든.

착하기도 하지.

서인도 제도의 에스파냐 식민지를 약탈했고

다른 나라는 해군을 보내 잘도 금을 뺏어 오던데…. 영국은 해군이 없으니 약탈도 못 하고… 그러니 그대가 수고 좀 하시오.

맡겨 주십시오, 폐하! 힘쓰는 건 자신 있습니다.

1577년, 2년 8개월에 걸쳐 세계 일주에 성공했다.

밀어붙이는 거지, 뭐.

이 시대의 상선이나 군선은 대형 목조선이었으며

세 개의 돛대에 큰 삼각돛을 달아 큰 바다에서 항해하기 쉽도록 했다고요.

군선은 돛대가 네 개였고 충각★에는 대포를 달았지요.

★충각-적의 배를 들이받아 파괴하기 위해 뱃머리에 단 뾰족한 쇠붙이.

유럽 각국은 앞다투어 해군을 만들면서 식민지 체제와 전제 왕권의 기틀을 갖추기 시작했다.

그 권력을 지키기 위해 군대를 키우며 전제국가★가 되어 갔지요.

식민지에서 빼앗은 금품을 기반으로 왕권을 강화했고

★전제국가-반민주국가. 왕이 국가의 모든 권력을 쥐고 정치를 하는 국가.

지리학의 발견

콜럼버스의 신대륙 발견 이전에도 몇몇 사람들은 지구가 둥글다는 것을 알고 있었지만

당연하쥬. 배 타고 한 번 나가 보면 어린애라도 알게 되지라.

이런 지식들이 학문에 반영되지는 않았다.

그럴 것이여. 학자들이 언제 배를 한번 타 봤어야지.

프톨레마이오스 이후 과학적으로 지도 만들기는 신학이 금지했는데

세계는 성지 예루살렘이 중심에 있는 원반 모양이기만 하면 된다고.

봐! 옐마나 간단해

아시아
예루살렘
유럽   아프리카

중세 후반에 이르러 지중해의 해상 교통을 위한 해도들을 만들었을 뿐이다.

십자군 원정이나 무역을 위해 '포르토라노'라는 특수한 해도들이 만들어져 쓰였죠.

나침반의 중심에서 많은 방위선들이 거미줄처럼 뻗어 있던 지도였답니다.

그리고 르네상스에 접어들면 프톨레마이오스의 지리서와 지도를 번역하여 인쇄했다.

이 지도는 1482년에 울름*에서 인쇄한 세계 최초의 목판 지리서인데…

보시다시피 신대륙은 없는 상태고…

지구를 평면으로 고치는 방법이 아직도 서툴러서 지형이 틀린 곳이 많아요.

★울름-독일 남서부의 도시.

결국 사람들이 지도 제작법을 바꿔야 한다고 느꼈을 때

바로 우리가 나타난 거지.

신대륙 발견도 해야 하고 무역로도 필요하고…

메르카토르 (1512~1594)

메르카토르와 그 일당 이라고 불러다오.

아들

친구

스승

플랑드르에서 태어난 메르카토르는 신학, 논리학, 라틴 어 등을 공부했으며

왜 그런지는 몰라도 신학에 회의가 생겨… 아리스토텔레스의 철학과 맞지도 않고…

그럼 내가 재미있게 해줄까?

신학

루뱅 대학을 다닐 때 프리시우스를 만났다.

스승님을 만나서 지리학에 눈떴다오.

바로 이거야

북해 연안에서 활동한 수학자 프리시우스는 삼각 측량의 원리를 이용하여 거리를 재고

산의 높이와 각도만 알면 거리가 계산 되는 거지.

이 시기에 소개된 에우클레이데스의 기하학을 지도 제작에 응용했다.

이 삼각 측량을 쓰면 직접 갈 수 없는 장소의 거리도 알 수 있거든.

저 늪같은 데 목숨 걸고 안 들여가도 된다는 얘기지

또 같은 원리를 이용해 바다에서 경도 재는 것을 제안하기도 했다.

휴대용 계시기★를 사용한 측량 방법이지.

좋은 아이디어이긴 한데 실용적이지는 않았어요.

쓸 만한 계시기가 나온 건 18세기나 되어서였답니다.

★계시기-기록 경기 등에서 소요 시간을 재는 기계.

프리시우스의 영향을 받은 메르카토르는 수학, 지리학, 천문학 등의 기초를 연마하여

수학 지리학 천문학

24세에 이미 조각가, 달필가로 유명해졌고 뛰어난 과학 기구를 제작하기도 했다.

난 목판도 직접 새길 줄 안다우.

프리시우스와 메르카토르는 조각가이자 금 세공업자인 미리카와 함께 작업을 시작했다.

우린 같이 지구의도 만들고 1537년에는 천구의도 만들어 냈다오.

우리가 있던 루뱅은 지도 제작의 중심지가 되었고요.

이들은 지도를 만들 때 과감한 변화를 시도했다.

계속 발견되는 지형에 대한 정보들을 추가하고

우아한 이탤릭체 문자로 지도를 만들었다오.

메르카토르는 곧 으뜸가는 최고의 지리학자라는 명성을 얻기 시작했다.

1537년에는 팔레스타인 지도, 1538년에는 두 개의 심장 모양의 투영도에 그린 세계 지도…

1540년에는 플랑드르 지도 등을 만들었지.

메르카토르는 한때 이단으로 몰려 감옥에 갇히기도 했지만

개신교에 관심을 기울이고, 지도 제작에 필요한 정보를 수집하기 위해 자주 여행을 떠났기 때문에 이단이라는 혐의를 받았다오.

이때 함께 고발당한 사람이 무려 43명이나 됐지.

쯧쯧 나도 한때 첩자로 몰렸었지

조선의 지도 제작자 김정호 선생

왕성한 연구를 한 끝에

죄가 없으니까 뭐… 7개월 만에 풀려났다오.

유럽 지도   영국 지도   로렌 지도

1569년 무렵 지도 제작법을 완성했다.

이게 바로 그 유명한 메르카토르 도법이라오.

'원통 투영법' 이라고… 기하학을 응용한 건데….

먼저 지구를 투명한 구슬이라 생각하고 지구 중심에서 빛을 내뿜으면… 지구의 지형이 지구를 감싼 종이에 비치겠지?

이렇게 비쳐진 종이를 펼치면 세계 지도가 만들어지는 거야.

메르카토르 도법(원통 투영법)

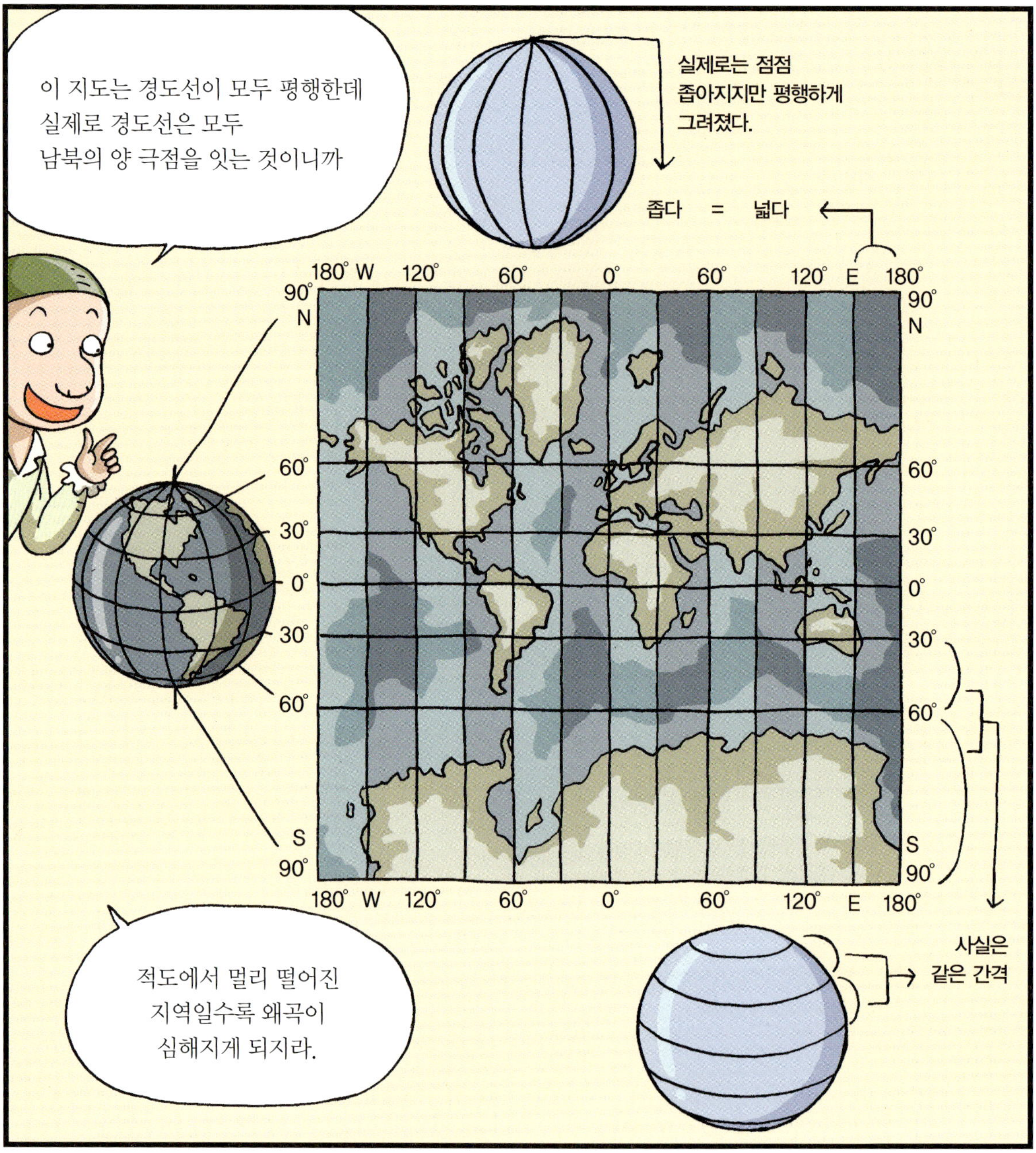

이 지도는 경도선이 모두 평행한데 실제로 경도선은 모두 남북의 양 극점을 잇는 것이니까

실제로는 점점 좁아지지만 평행하게 그려졌다.

좁다 = 넓다

180° W   120°   60°   0°   60°   120° E 180°
90°N   90°N
60°   60°
30°   30°
0°   0°
30°   30°
60°   60°
S   S
90°   90°
180° W   120°   60°   0°   60°   120° E 180°

적도에서 멀리 떨어진 지역일수록 왜곡이 심해지게 되지라.

사실은 같은 간격

이 지도에 나타난 경선과 위선들은 항상 동서남북을 정확하게 가리키므로

항해하는 사람들이 많이 사용했지라.

획기적이야!

136

그러나 사우디아라비아보다 작은 그린란드를 남아메리카보다도 크게 그리는 등

그린란드

남아메리카

사우디아라비아

위도가 높은 지방이 지나치게 확대되어 세계 지도로 쓰기엔 알맞지 않았죠.

그렇다고 해도 이 도법은 후대 사람들이 지도를 만드는 데 큰 영향을 주어

난 이걸 개량해서 ○○ 투영법을 개발했어.

난 △△투영법.

한마디로 지도의 ABC인 거지.

메르카토르는 역사에 이름을 남기게 되었다.

이제 지도의 황제라 불러다오.

그 후 메르카토르는 역사를 그리는 여러 장의 지도를 만들기 시작했지만

천지창조부터 역사를 묘사하기 위한 지도였다오.

원래 프톨레마이오스가 구상했던 작업인데 내가 손을 좀 봤고…

결국 완성하지 못하고 숨을 거뒀다.

우리 아들이 내 직업을 이어받아 완성했다오.

메르카토르 혼티우스 아틀라스

내가 낸 지도 모음집 '아틀라스'는 지금까지도 지도책을 뜻하는 말로 쓰인다오.

르네상스의 천문학

관측 천문학은 15세기의 대규모 탐험 항해를 위해 되살아났지만

망망대해에서 뭘 보고 길을 찾겠어?

낮에는 해 보고 밤에는 달 보고…. 정확한 천문 지도가 바로 목숨줄이거든.

더 이상 맞지 않는 태양력을 보완하는 데도 필요했다.

한마디로 날짜와 계절이 점점 더 안 맞게 된 거야.

달력은 봄인데 눈 오고 고드름 얼어 봐. 신경질 안 나겠어?

이미 우주에 대한 새로운 생각들이 나오고 있었지만

지구가 우주의 중심이란 말…, 아닌 것 같아.

우주에서 생명체가 사는 별이 지구뿐이라는 것도 잘못된 것 같아.

이런 생각들은 전혀 받아들여지지 않아 천문학은 더디게 변화할 수밖에 없었다.

뭔 헛소리야

여지껏 프톨레마이오스의 이론을 뛰어넘은 책이 없었다는 거 몰라?

수학자인 포이어바흐는 제자와 함께 『알마게스트』를 더욱 정교히 하기 위한 계산을 꾸준히 했다.

계산할 준비 됐느냐? 제자야

네 스승님

포이어바흐 (1423~1461)

레기오몬타누스 (1436~1476)

사실 천문학에선 정교함 빼면 시체거든.

측정은 정확하게! 계산은 주의 깊게! 이래야 앞날을 예측할 수 있지.

그들은 프톨레마이오스 행성 이론의 문제점을 발견하고

이 부분이 틀렸는걸…. 요기도 저기도….

조기 도요!

깐작 깐작

조금씩 교정하기 시작했다.

제자야 너만 믿는다

내가 서른여덟 살의 나이로 죽지만 않았어도 더 많이 고쳤을 텐데…

포이어바흐의 작업은 그의 제자인 레기오몬타누스가 이어받았는데

내가 하던 걸 이어받을 거지? 안 그러면 난 눈을 감을 수가 없겠구나.

우아앗! 알았으니까 그만 나타나세요, 선생님!

그가 1463년에 출간한 『에피톰』은 이런 노력의 결과로서

한마디로 『알마게스트』 보다 정확한 책이죠.

프톨레마이오스 이후의 관찰 결과를 더했고 그가 잘못 계산한 것은 고쳐 넣었으니까요.

프톨레마이오스의 이론이 개선돼야 한다는 것을 확실하게 알렸다.

확실히

고치긴

고쳐야겠네.

각계 각층

종교계 마저…

레기오몬타누스의 책들은 당시엔 출판하기 힘들었는데

이거야…, 이렇게 그림이 들어가면 돈이 많이 들잖아요.

우리도 찍어 주기 힘들겠는데.

1471년 뉘른베르크에서 만난 상인 베른하르트 발터의 도움으로

그래요? 그런 어려움이 있어요?

응응

천문대와 인쇄소를 갖춘 집을 지어 연구를 하고 책을 쓰는 일에만 몰두할 수 있었다고 한다.

이제 맘 놓고 관측 하세요.

관측 기구도 필요한 게 있으면 말만 하세요.

이젠 관측도 출판도 마음대로 할 수 있는 거지?

이게 바로 독일에 처음 세운 천문대지요.

레기오몬타누스와 발터는 여러 가지 기구를 사용해 천체를 관측했는데

이건 군사용 천구의지요.

지구를 중심에 두는 걸 프톨레마이오스식 천구의라고 부르고, 태양을 중심에 두는 걸 코페르니쿠스식 천구의라고 하지요.

아, 물론 내가 쓴 건 프톨레마이오스식이었지요.

그들이 관측한 혜성의 기록은 200년 후에 핼리혜성으로 확인될 정도로 정확했다.

사람들이 말이죠. 혜성을 미신으로 보는 경향이 있어요.

맞아! 순수한 과학의 연구 대상으로 안 보고 말이지.

우리야 안 그랬지

그들이 함께 만든 수학과 천문학 저서들은 매우 정확했으며

당시의 출판사들은 상인들이 운영했기 때문에

틀린 내용이 엄청나게 많았지요.

1474년에 나온 『1474~1506년의 천체 위치 추산력』은 콜럼버스나 바스코 다 가마 등이 사용했다.

1490년 4월 1일에 화성은 어디쯤에서 보일까 하는 거라든가….

뭐, 그런 걸 예측해 놓은 책인데 쓸 만했수?

뭐, 그럭저럭…

훗날 레기오몬타누스는 교황의 초청을 받아 로마로 갔으나

이번엔 달력을 뜯어 고치러 간다우.

뜻을 이루지 못하고 죽고 말았다.

이번엔 내가 부탁할 차례야. 뭘 부탁하려는지 알지?

알죠. 관측과 연구를 계속 이어받으라는 거 아닙니까?

우리만 믿어요.

알브레히트 뒤러
(1471~1528)

그 결과 코페르니쿠스가 등장할 즈음에는

상황이 무르
익으면 주연이
등장하는 법!

코페르니쿠스
(1473~1543)

이미 근대적인 관측 자료가 많이 있었다.

프톨레마이오스의
이론이 틀렸다는
것은 이미 입증
됐겠다, 관측
자료 쌓였겠다.

이 무르익은
재료들을 어떻게
요리할 것이냐….
이것이 문제로다!

일찍 고아가 되어 주교인 숙부 밑에서 자란
코페르니쿠스는

널 성당에 취직시켜
줄 테니 대학에서
고전과 수학을
공부하여라.

네,
숙부님.

숙부의 바람과 달리 천문학에 관심이 많아서

고전과 수학,
거기다 법학과
의학, 천문학까지….
너무 많이 하는 거
아냐?

훗
가뿐
하지
뭐

독립한 후엔 본격적으로 천문학에 달려들었다.

자기가
직접 천문대도
지었대.

아주 나섰구나,
나섰어.

코페르니쿠스는 천문 관측보다는 행성 위치를
알기 위한 계산에 주력했는데

프톨레마이오스의
문제점은 너무 복잡한 데다
그렇게 어렵게 계산해도
행성의 위치가 틀리게
나온다는 거야.

난 이게 참을 수
없다고. 좀 더
단순하면서도 관측
결과와 들어맞는 게
있을 텐데.

이 과정에서 그는 다른 데 눈을 돌렸다.

가만있자…,
고대 그리스 사람들이
지동설이라는 걸
주장했다던데….

지동설은 생각보다 관측 결과에 잘 들어맞았으니

지구가 다른 행성들처럼 태양 주위를 돈다면…

관측 결과와 비슷한 계산이 나오더라 이거지!

코페르니쿠스가 지동설을 택한 것은 너무나 당연한 일이었다.

게다가 행성의 위치를 예측하는 것도 훨씬 쉬워지더라고. 그러니 이 이론을 따르는 건 당연한데….

허나…, 이제부터가 큰일이야.

여전히 종교가 막강한 힘을 쓰던 시대에

인간은 신의 모습을 본떠 만든 특별한 존재요.

천사의 바로 아래 계급이며 지구상의 모든 존재들 중 가장 우월한 존재.

그리고 그 인간이 사는 지구는 우주의 중심이어야 하는데…

지구가 다른 행성들과 같은 급이라고?

지동설은 사람들의 가치관을 뿌리째 뒤흔드는 것이었다.

당신이 무슨 짓을 했는지 알아?

당신은 우주의 주인공이던 지구와 인간을 순식간에 아무것도 아닌 자리로 끌어내린 거라고!

거기다 지구는 멈춰 있다고 생각하며 쌓아 올린 운동 개념들도 깡그리 무너뜨리는 짓을 한 거야.

엄청난 반발이 있으리라는 걸 알았던 코페르니쿠스는 지지를 받기 위해 헤르메스 주의★ 등의 권위를 끌어오기도 했다.

내가 태양을 중심이라고 한 건 말이지.

헤르메스 주의를 보면 태양이 우주의 등불이고 마음의 중심이라잖아? 그러니 우주의 지배자인 태양이 중심이 되는 게 어느 모로 보나 그럴듯하지 않겠어?

당시 헤르메스 주의는 지식인들이 꽤나 좋아하던 이론이었거든요.

★헤르메스 주의(hermeticism)−연금술 계열의 신비주의 사조.

게다가 이론을 발표하는 데에도 신중했다.

이걸 그냥 책으로 내는 건 날 잡아 잡수~ 하는 거랑 똑같은데….

으음 어쩌지?

코페르니쿠스는 일단 지동설을 소논문 형식으로 정리하여 몇몇 사람들에게 보여 줬는데

저기… 내가 논문 하나 써 놓은 게 있는데 볼래?

보고 싶으면… 보든지… 말든지…

그래? 어디 보자고.

사람들의 반응은 좋은 편이었고

괜찮은데 그래?

난 좋았어.

쫑긋 쫑긋

적극적으로 책을 내라고 하는 사람도 있었다.

전 팬입니다요!

비텐베르크 대학의 수학 교수인 레티쿠스는 끈질기게 코페르니쿠스를 설득해

이런 훌륭한 이론은 꼭 책으로 내야 합니다!

뭘 그렇게 까지….

책을 내겠다는 약속을 받아 냈고

무슨 그런 나약한 말씀을!

책 안 내시면 저, 울 겁니다!

알았어, 알았다고!

근대 천문학의 뼈대가 된 『천구의 회전에 대하여』가 나왔다.

1543년은 참 뜻 깊은 해였지요. 베살리우스의 『인체의 구조에 대하여』가 나온 해이기도 하고요.

인체의 구조에 대하여

베살리우스

천구의 회전에 대하여

코페르니쿠스

그러나 코페르니쿠스가 걱정했던 만큼의 반대가 곧바로 나오지는 않았는데

왜 안 터지는 거지? 더 불안하게시리….

여기에는 여러 가지 이유가 있었다.

대답을 못하시는구먼. 그럼 이건 어떠실라나? 만약에 지구가 스스로 돈다면 위로 던진 돌은 항상 던진 지점보다 서쪽에 떨어져야 마땅하지 않아요?

근데 나가서 돌 던져 봐요. 서쪽으로 떨어지나…. 던져 보라고요!!

……

그리고 또 봐요. 지구가 돈다면 해마다 별들의 위치가 달라져야 할 텐데… 그러냐고요?

어, 그건… 별들이 너무 멀리 떨어져 있어서 이동한 거리를 관찰하기가 힘든 것일 뿐인데….

그래? 그렇단 말이죠? 그럼 하느님께선 왜 그렇게 별들을 멀리 떨어뜨려 놓았을까요?

…그걸 내가 어떻게 알아!

사실 위와 같은 질문의 답은 연주시차를 통해서나 알 수 있는 것들이지요.

난 아직 르네상스 인 이란걸 기억해줘

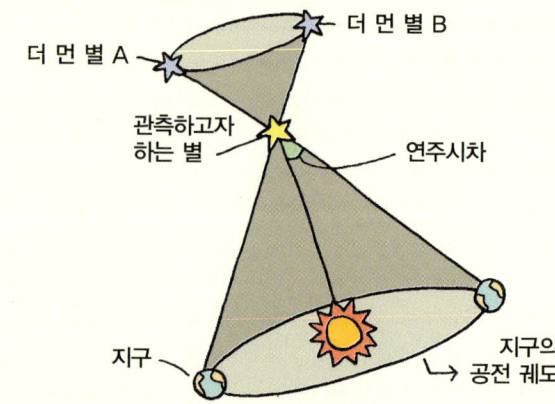

★ 연주시차(年周視差)

별까지의 거리는 너무나 멀기 때문에 별자리의 위치가 달라지지 않는 것처럼 보인다. 그러나 가까이 있는 별을 6개월 간격으로 사진을 찍어 보면 별의 위치가 더 멀리 있는 별을 배경으로 놓고 봤을 때 상대적으로 옮겨 간 것을 알 수 있다. 이때 별이 움직인 정도를 각도로 표시한 것이 그 별의 연주시차이다.
연주시차는 지구가 공전을 한다는 가장 확실한 증거이며, 가까운 별까지의 거리를 측정하는 중요한 단위가 된다. 독일의 베셀이 1838년 처음으로 측정했다.

더 먼 별 A
더 먼 별 B
관측하고자 하는 별
연주시차
지구
지구의 공전 궤도

그래서 코페르니쿠스의 이론은 합리적이지 않다는 의심을 받았지요.

아마 코페르니쿠스 다음 세대인 티코 브라헤가 천동설로 후퇴한 것도 그런 이유 때문이었을 거예요.

그 때문에 이 역사적인 책의 효과는 더디게 드러났으며

엉터리라니까, 엉터리!

본격적인 비판이 일어났을 때는 이미 코페르니쿠스는 죽고 없었다.

이거 자세히 보니 무지하게 위험한 얘기잖아!

그놈 잡아라!

이히히히! 난 이미 치고 빠졌지롱~.

그 후 과학은 코페르니쿠스가 가리킨 길로 나아갔으며

이 쪽

지동설은 후학자들의 노력으로 완성되었다.

지 동 설

이러한 혁명적 이론이 나올 수 있었던 것은 한 용감한 과학자와 시대적 분위기 때문이었다.

새로운 것을 받아들이고자 항상 노력하고 사람에 대한 관심을 변화시킨

르네상스 시대여, 축복받으라!

그리하여 이제 천문학은 근대화하기 시작했도다!

르네상스의 수학

르네상스 시기엔 실생활에서 수학을 응용하기 시작했다.

상업에는 대수학을…

지도 만들기나 원근법 등에는 기하학을 사용했죠.

이는 아라비아나 그리스 고전 소개가 활발해지면서

알콰리즈미의 대수학

에우클레이데스의 기하학

오우, 신기하군!

아라비아숫자가 제대로 자리 잡았기 때문이다.

결국 300년 가량 싸움을 건 아라비아숫자가 로마숫자를 이기고 만 거죠.

와-

삼각법은 그리스 인들이 시작하고 이슬람 수학자들이 확장시켰는데

삼각법이란 삼각형의 각과 양변의 비를 이용한 계산법 이죠.

측량에 써먹기 위해 연구했고, 탈레스가 맨 처음 사용했지.

삼각법이란 말을 만든 사람은 1613년의 피타스쿠스라는 사람이지요.

르네상스기에 소개되어 주로 천문학자들에 의해 발전했다.

나는 삼각법 계산을 설명한 작은 책까지 냈다네.

저는 스승님 책에다 사인표를 추가했지요.

삼각법은 천체를 관측하는 데 매우 중요했기 때문이죠.

포이어 바흐

레기오 몬타누스

대수학의 발전은 이탈리아의 문화적 분위기에서 비롯했다.

당시 이탈리아는 동서교통의 요충지였기 때문에 문화가 번성하고 산업이 발달했지요.

수학 이거 제대로 공부 해봐야 겠어

나도, 나도

행정가 학자 은행원 상인

그러다 보니 점점 더 많은 사람들이 제대로 공부하길 바랐죠.

그 결과 1472년부터 1500년 사이엔 수학책만 214종류 이상이 출간되었답니다.

장사 되네~

이런 분위기에서 지식인들은 토론이나 경연을 통해 누가 수학 지식을 더 많이 아는지 따지기에 이르렀다.

자, 경연 대회를 시작하겠습니다.

수학경연

규칙은 아시죠? 무조건 가장 빨리 푸는 사람이 우승자가 됩니다.

여기서 우승하면 이름도 날리고 상금도 짭짤했지요.

경연 대회는 오히려 수학 지식이 출판되는 걸 가로막기도 했다.

수학자가요, 어떤 수학 문제를 빨리 푸는 법을 발견했다 치면

그 사람은 고민을 하게 되죠. 이걸 책으로 내서 빠른 풀이법을 발견한 사람이란 명예를 얻을 것이냐

아니면 꼬불쳤다가 경연 대회에서 상금을 타 먹느냐….

이것이 문제로다

제××회 수학경연

대단하다

이걸 어떻게 풀었지?

상금

숨기고 있다가 다른 사람이 먼저 책을 낼 위험이 있긴 해도…, 대부분은 경연 대회를 더 좋아했죠.

그래도 이쪽이 끌려

수학경연

대수학은 고대 이집트 시대부터 방정식을 풀기 위해 시작됐으며

그리스와 아라비아 시대를 거치면서 2차방정식까지 푸는 해법을 대충 찾아냈지.

물론 아직 문자 기호 같은 걸 쓰지는 않았지만….

당시 르네상스 시기의 수학자들은 3차 방정식의 해법을 알기 위해 고심하고 있었다.

그래서 경연 대회의 문제로 3차방정식이 자주 나왔죠.

3차방정식 문제

3차방정식의 해법을 처음 발견한 사람은 페로인데

수학의 선수지라~

볼로냐 대학에서 30년 동안이나 수학 교수로 있었구면.

스키피오네 델 페로 (1465~1526)

그가 푼 것은 제곱근의 항을 포함하지 않을 경우의 3차방정식이었고

대충 이런 식의 문제여라.

$$x^3 + 3px + 9 = 0$$

역시 그 해법을 공개하지 않았다.

제자야, 너한테만 가르쳐 줄 텡께… 알지? 유용하게 써먹어야 헌다.

고맙습니다!

안토니오 피오레 (15세기경 활동)

그럼에도 불구하고 3차방정식의 해답을 발견한 사람이 등장했는데

이잉~, 딴 데도 아니고 제가 직접 개최한 수학 경연 대회에서 그랬대요~.

그것도 제곱근 항이 포함되어 있는

훨씬 어려운 문제를 마구 풀어 버렸대요. 너무하지요?

누구야 누구

웅성, 웅성

이 해법의 발견자는 타르탈리아이다.

본명은 니콜라 폰타나라고 해요.

타르탈리아 (1499~1557)

그는 어린 시절 전쟁을 겪었고

그때 애아부진 죽고요, 얘도 턱에 칼을 맞았지라.

간신히 살아나긴 했지만서두 말을 더듬게 돼서 말더듬이 (타르탈리아)라는 별명이 생긴 거랑께요.

집안이 매우 어려웠다.

한번은 돈을 모아서 딱 보름 정도 학교에 보냈는디요.

아, 글씨 습자본 하나를 꼬불쳐 와서는 지 혼자 읽고 쓰기를 하더랑께요.

종이 살 돈이 없어서 공동 묘지의 묘비를 이용해 공부를 하기도 했지라.

내 아들이지만 기특하잖수.

이렇게 혼자서 공부한 타르탈리아는 밀라노 거리에 수학 상담 가게를 열고

수학의 실용화 선언!

수학 문제 해결사 같은 거죠.

수학과 연관된 문제를 풀어 주면서 생계를 이었다.

난 대포 쏘는 사람인데 말이오. 포탄을 가장 멀리 쏘려면 어느 정도 각도를 줘야 하오?

저기요, 저는 침몰선 인양업자 인데요….

어허, 이거 왜 이래요?! 순서를 지켜! 내가 먼저 왔단 말이오.

확실히 그는 재능 있는 수학자였다.

포술학★에 처음으로 수학을 응용하기도 했고

잡다한 문제들을 수학적이면서 실용적으로 풀어냈죠.

신과학

가지가지의 문제와 발견

수와 계획

타르탈리아의 3차방정식 해법은 카르다노와의 다툼 때문에도 유명하다.

카르다노 (1501~1576)

★포술학-대포를 다루는 기술을 연구하는 학문.

이 논쟁은 타르탈리아에게 3차방정식의 해법을 배운 카르다노가

아무한테도 얘기하지 않을게. 알려 주라, 응?

궁금해서 잠이 안 와. 당신도 학자니까 이 기분 알지?

가르쳐 줄 거지?

약속을 어기고 자신의 책에 이 공식을 발표했기 때문에 벌어졌다.

이런 좋은 내용은 모든 사람에게 공개해야 하는 거거든.

뭐, 내가 약속을 안 지키는 나쁜 놈이 되더라도 말이지, 음음.

이 때문에 3차방정식의 해법 발견자는 카르다노라고 알려지기도 했는데

어? 난 아냐. 난 모든 공을 타르탈리아에게 돌렸다고.

나도 양심은 있는 사람인데

원래 카르다노도 같이 해법을 만들었다는 설도 있다.

어쨌든 이 일로 타르탈리아는 충격을 받아 미쳤다고 해요.

수학자들 중에 가장 성격이 이상한 사람으로 꼽히는 카르다노는 흥미로운 소문이 많았다.

뭐 흥미로울 것까진 없는데…. 산적의 딸이랑 결혼한 것 때문에 그러나? 아님 도박꾼에 거짓말쟁이로 이름을 날렸던 것?

아~, 예수님 생애를 별점으로 풀어 봤다가 감옥에 간 거? 그건 재미로 그런 건데….

한마디로 미치광이 천재라고 불렸지요.

모든 종류의 과학에 흥미를 가진 전형적인 르네상스 인인 데다가

수학, 의학, 물리학, 기계학, 종교, 철학, 음악…

상술까지….

각 분야에서 모두 뛰어났다고 한다.

투사체가 포물선 경로를 따라 움직인다는 것을 알아냈지.

영구 운동이 불가능하다는 것을 알아내기도 하고

또 진공이 가능하다고도 생각했지.

카르다노의 가장 유명한 책은 1545년에 나온 『위대한 방법』인데

이 책이 문제의 3차 방정식 해법이 실린 바로 그 책인데…

라틴 어로는 처음 쓰인 대수학 논문이라 중요하지.

그는 이 책에서 '대수학'의 새로운 개념을 선보였다.

허수

3차방정식

한마디로 대수학 이론을 만들어 낸 거지. 허수를 처음 얘기했고…

제곱항이 있는 3차방정식의 해법을 선보이고.

고차방정식의 '근의 수'에 대해서도 얘기했죠?

근이 하나 이상 있는 방정식은 해법도 하나 이상 있다

또 비록 그가 죽은 뒤에 나오긴 했지만 '수의 확률'에 대한 책을 쓰기도 했다.

다들 내가 도박꾼인 건 알지? 그래서 게임에 이기기 위해 엄청난 연구를 했걸랑.

확

률

이 시기를 전후로 대수학이 자리를 잡은 건 기호 사용 덕분이었다.

수학에서 기호란 바로 생각의 도구거든.

무슨 일을 하든지 도구가 좋지 않으면 곤란하잖아요.

이전에는 우리가 흔히 쓰는 +, − 등의 기호가 아예 없었죠.

이게 뭐지? 십자가?

예를 들면 더하기를 나타 내려면 더하기의 뜻을 가진 낱말을 써 주는 식이었던 거죠.

그래서 간단한 계산도 긴 문장으로 써야 했고, 까딱 잘못하면 뜻이 달라지기도 했죠.

1에다가 2를 합한 것은 3이요
3에다가 4를 합한 것은 7이요
7에서 3을 뺀 것은 4이다.

그래서 많은 학자들이 수학의 기호를 체계화하기 위해 애를 썼다.

비트만은 더하거나 빼는 것을 나타내는 +, − 기호를 발명한 학자였고

1489년 『모든 상거래 계산을 빠르고 능숙하게 하는 거래법』이라는 책에서 처음 썼는데

비트만
(15세기경 활동)

초과와 부족을 표시하던 기호가 후대에 더하기, 빼기로 바뀌었다고 하대요.

$4+5$
$4--17$
$3+30$
$4--19$
$3+40$
$3+20$

파치올리나 스티펠 같은 학자들도 나름대로 독특한 기호를 만들어 사용하기 시작했다.

$\sqrt{r} \rightarrow B_Z$
$+ \rightarrow \beta \quad - \rightarrow \breve{m}$
등 직접 생각해 낸 기호를 사용했지.

난 미지수에 알파벳을 사용했지요.

파치올리
(1445?~1510?)

레오나르도 다빈치

역시 내 친구야. 뭔가 창조적이잖아.

스티펠
(1487~1557)

봄벨리는 원래 건축가이자 수학 기사로

이때 분위기가 워낙에 수학적이라서 말이지.

봄벨리
(1526~1572)

대수학에 대한 논문을 썼으며

디오판토스★의 책을 많이 참고했지.

그러다 보니 독창적인 점은 얼마 없었지만 말이지.

★ 디오판토스─고대 그리스의 수학자. 대수학의 아버지라 불리며 『수론』의 저자.

디오판토스의 저작을 유럽에 유행시키는 공을 세웠지.

3차방정식의 해법에 이바지하기도 했다.

미지수의 차수를 표시하는 데 기호를 사용했다는 말이지.

'등호(=)'는 영국의 레코드가 처음 사용했는데

난 비교적 현대적인 기호를 사용했지요.

평방근	⋁
입방근	⋁⋁
등호	⋍
더하기	+
빼기	—

레코드
(1510?~1558)

실용 수학의 대표자였던 그의 책들은

일상에서 쓸 수 있는 응용문제가 가득~.

기술의
초석

재주와
지식의
연마

무척 많이 팔렸고 수학 교육에 큰 영향을 미쳤다.

이 책들은 영어로 씌어진 데다.

대화 형식으로 쉽게 풀이하여 인기가 꽤 많았답니다.

레코드는 필산★과 함께 계산판의 사용도 인정했다고 한다.

기술의
초석

물론 숫자를 써서 계산하는 게 더 좋긴 한데…

읽고 쓸 줄 모르거나 종이와 펜이 없는 사람들은 계산판을 써야 하니까….

★ 필산-숫자를 써서 계산하는 방식.

비에트는 프랑스의 수학자이자 법률학자로서 대수학 분야에서 활약했으며

이 몸은 암호 해독의 귀재이기도 했지.

비에트
(1540~1603)

이건 1591년에 나온 대수를 기호로 취급한 첫 책인데…

방정식의 여러 가지 연산 방법을 세웠지.

해석학
서론

숫자에 가려 못 보던 계산 원리를 알아내자는 건데

결국 미지수를 구할 수 있는 방법은 요술이 아니라는 거지.

조리 있는 이론과 함께 미지수를 알파벳으로 대치해 방정식을 일반화했다.

미지수는 알파벳의 모음 대문자 A, E, I, O, U를 쓰고

이미 알고 있는 수(기지수)는 자음의 대문자를 썼지.

르네상스의 의학

르네상스의 의학은 근대 과학의 발전에 매우 상징적인 기여를 했는데

우리 의사들이 자연 과학의 대표 선수로 나섰다는 얘기지.

에헴…!

어떻게 그럴 수 있었느냐고?

이는 의학의 실증적인 성격에서 비롯된다.

이게 어느 정도였느냐 하면….

중세 땐 보통 이론과 실기가 서로 소 닭 보듯 했었다고.

여기 역학을 연구하는 학자가 있다고 쳐 봐. 이를테면 물레방아 같은 것의 효율을 더 높이기 위해 연구를 하는 사람 말이야.

이 학자는 정말로 대단한 사람이었다고. 얼마나 대단했냐 하면….

놀라지 마. 이 사람은 한번도 물레방아 만드는 목수를 만난 적이 없다는 거야.

허허, 이거 쑥스럽구면. 남들도 다 그래요.

학문이란 이론과 실기가 서로 맞물려야 발전하는 거거든. 근데 생전 한번 만나 보지도 않았으니….

이런 장치는 어떨까요?

글쎄…, 실제론 이렇게 되지 않을 텐데….

과학적 지식

경험적 지식

이에 비해 의학에선 의견 교환이 좀 더 많이 이루어졌다는 거지. 아, 물론 의사들도 처음부터 그랬던 건 아니야.

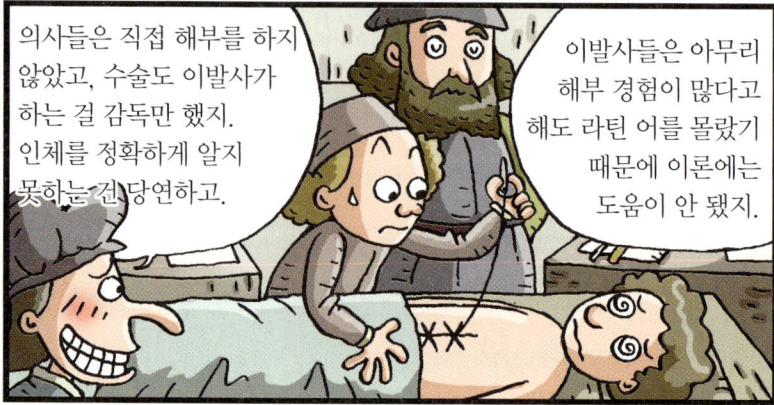

의사들은 직접 해부를 하지 않았고, 수술도 이발사가 하는 걸 감독만 했지. 인체를 정확하게 알지 못하는 건 당연하고.

이발사들은 아무리 해부 경험이 많다고 해도 라틴 어를 몰랐기 때문에 이론에는 도움이 안 됐지.

그러나 르네상스에 와서는 상황이 바뀌기 시작했지.

내 영향이 컸지~

의사들은 직접 해부를 했고, 그 결과를 그림으로 기록하기 시작했거든.

나보다 잘 그리는 녀석은 없었지만 말이야

해부는 주로 이탈리아를 중심으로 이루어졌는데…

거봐! 내가 주름 잡던 동네……

1543년에 나온 베살리우스의 『인체의 구조에 대하여』는 해부 결과를 기록한 대표적인 책이다.

정말 중요한 책이지. 해부학의 혁명을 일으킨 책이라고나 할까?

이봐~ 이봐~

플랑드르 출신의 베살리우스는 19세 때 파리로 유학을 갔는데

어릴 때부터 작은 동물을 해부했대요.

엽기적인 아였어

베살리우스
(1514~1564)

천재성을 인정받아 23세 때 파도바 대학의 교수가 되었다.

요즘은 해골 수집이 취미래요.

커서도 엽기적이야

그는 해부를 조수에게 맡기지 않고 직접 했는데

조수는 뭐 하고?

아, 글쎄 그렇게 해부에 욕심을 내더래요.

수없이 해부를 반복하여

……!

왜요? 왜 그래요?

157

갈레노스나 성서의 내용이 잘못된 것임을 확신했다.

……

뭐래요? 뭐래?

글쎄…, 갈레노스가 해부한 건 사람이 아니라 원숭이였다는 거예요.

정말?

사체를 충분히 공급받아 이루어진 베살리우스의 비교 해부는

파도바 법정의 판사가 사형수를 넘겨줘서 해부를 자주 할 수 있었대요.

뭐, 또 도와줄 건 없소? 해부 시간에 맞춰 사형 시간을 조정해 줄 수도 있는데.

그를 비교 인류학의 선구자로 만들기에 충분했으며

각기 다른 다섯 인종의 두개골을 비교해 놓은 거죠.

매우 아끼는 수집품이래.

그의 대표작 『인체의 구조에 대하여』의 밑거름이 되었다.

새로운 해부학 교재를 만들기로 했대요.

이제 자료도 꽤 모았고…

그는 이 책을 위해 시간과 비용을 아끼지 않았으며

최고의 인쇄 장인을 찾아 바다 건너까지 갔대요.

화가 티지아노를 고용해 멋진 그림들을 선보였다.

특히 사실적인 걸 강조하고 싶대요.

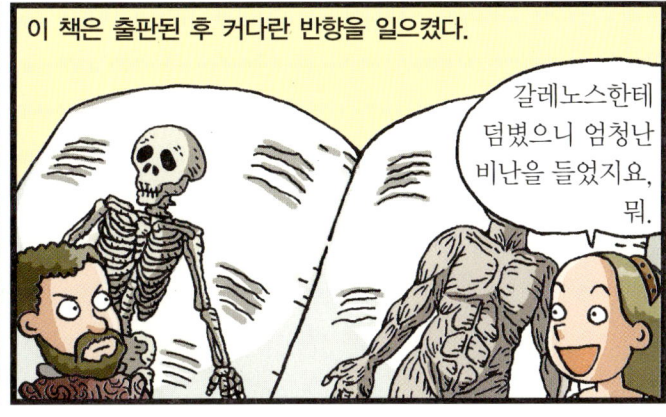

이 책은 출판된 후 커다란 반향을 일으켰다.

갈레노스한테 덤볐으니 엄청난 비난을 들었지요, 뭐.

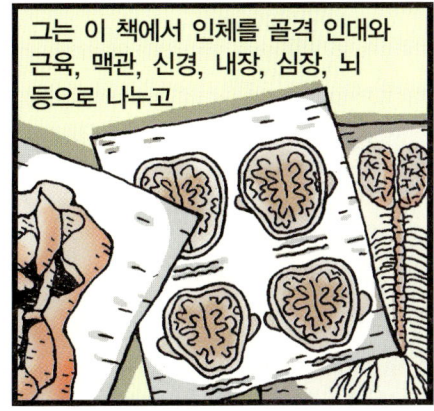

그는 이 책에서 인체를 골격 인대와 근육, 맥관, 신경, 내장, 심장, 뇌 등으로 나누고

해부를 해서 관찰한 심장의 칸막이 벽을 실었는데

우심실
좌심실
정맥혈 → 동맥혈
생명혼

일찍이 갈레노스는 정맥혈이 동맥혈로 바뀌는 것은 심장 칸막이 벽을 지나 생명혼을 공급받기 때문이라고 설명했죠.

여기서 베살리우스는 갈레노스의 혈액 순환 이론의 잘못된 점을 짚었다.

심장의 칸막이 벽을 해부해 보니 생각보다 두꺼운 근육질이 있고 격막은 없었대요.

그는 갈레노스의 의학 체계를 무너뜨렸으나

결론은 갈레노스의 이론이 틀렸다는 거예요.

혈액의 움직임에 대한 갈레노스의 설명을 대체할 만한 것은 찾지 못했다.

그건 자기도 모른대요. 그렇지민 옛날에 같이 공부했던 친구 한 명이 소순환에 대해 설명한 적이 있대요.

이 문제를 해결한 사람은 에스파냐 출신의 신학자이자 의학인 세르베투스이다.

그렇습니다! 제가 바로 그 친구였던 것입니다.

세르베투스
(1511~1553)

159

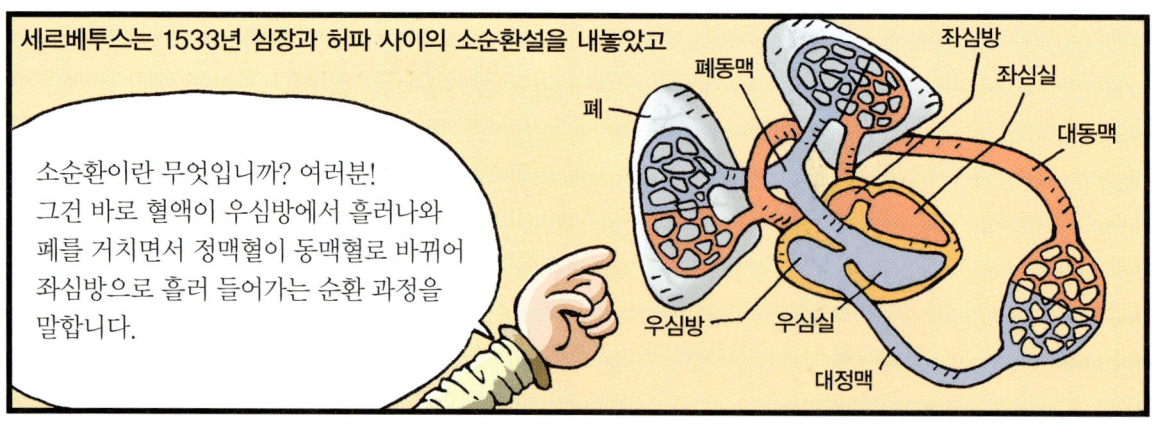

세르베투스는 1533년 심장과 허파 사이의 소순환설을 내놓았고

소순환이란 무엇입니까? 여러분!
그건 바로 혈액이 우심방에서 흘러나와
폐를 거치면서 정맥혈이 동맥혈로 바뀌어
좌심방으로 흘러 들어가는 순환 과정을
말합니다.

좌심방
좌심실
대동맥
폐동맥
폐
우심방
우심실
대정맥

그 덕분에 그는 소순환을 밝혀낸 최초의
근대인으로 평가받는다.

부끄럽습니다.
사실 소순환은 13세기의
이븐 알나피스가
밝혔던 적이
있다고 합니다만….

아십니까? 여러분, 왜
이 시대의 사람들이
혈액순환설을 발견하지
못했는지.

난 또 왜?

갈레노스
잠깐만
나와 봐요

그건 바로
오~랫동안 서양
학계를 지배한
갈레노스의 학설
때문이었습니다.

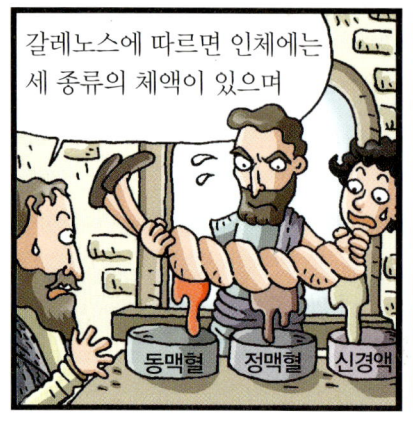

갈레노스에 따르면 인체에는
세 종류의 체액이 있으며

동맥혈   정맥혈   신경액

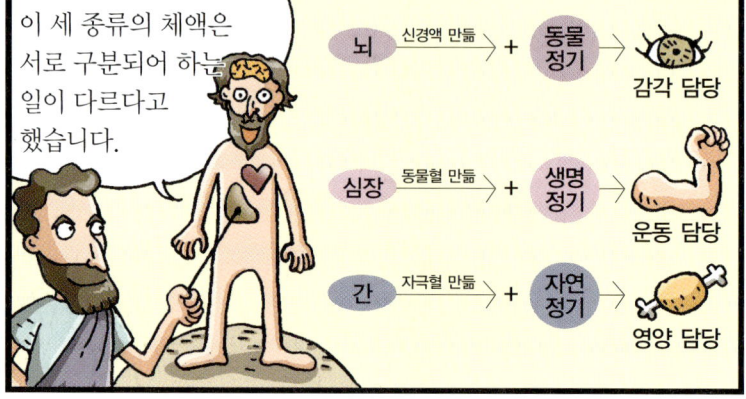

이 세 종류의 체액은
서로 구분되어 하는
일이 다르다고
했습니다.

뇌 신경액 만듦 + 동물 정기 → 감각 담당

심장 동물혈 만듦 + 생명 정기 → 운동 담당

간 자극혈 만듦 + 자연 정기 → 영양 담당

그런데 이 체액들이 순환하여 서로
뒤섞인다는 발상은 갈레노스의 생리학을
완전히 뒤집는 것이 되지요.

그렇지
감히
나한테
덤볐다!

게다가 아직도 인기가 막강했던
아리스토텔레스! 그렇습니다.
아리스토텔레스는 이렇게
말했습니다.

스스로 원운동을 하는
것은 완벽한 천상의
세계에서나 있을 수
있는 일이지.

적어
적어

예? 그거랑 혈액 순환은 무슨 상관입니까?

이렇게 답답할 데가 있나….

즉 자연에서는 순환 같은 완벽한 원운동이 일어날 수가 없다는 얘기 아냐!

고롬 고롬

그렇습니다. 이 인기 많은 두 사람의 영향 때문에 사람들은 오래도록 순환설을 발전시키지 못한 것입니다.

세르베투스의 소순환 발견은 그의 독특한 신학과 관련이 있는데

그렇습니다. 믿으십시오. 제 과학의 성과는 믿음의 반석 위에 세워진 것이었습니다.

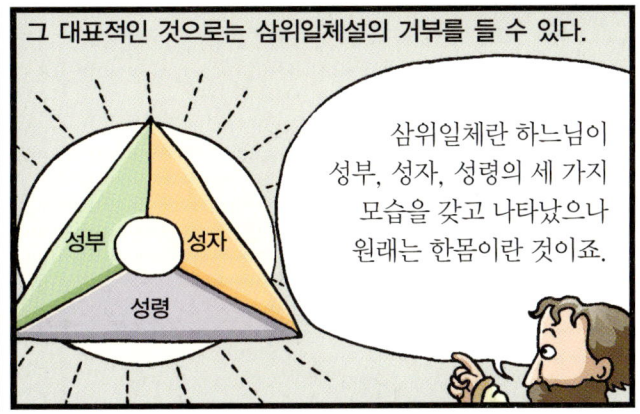

그 대표적인 것으로는 삼위일체설의 거부를 들 수 있다.

성부 성자 성령

삼위일체란 하느님이 성부, 성자, 성령의 세 가지 모습을 갖고 나타났으나 원래는 한몸이란 것이죠.

그러나 저는 생각이 달랐습니다. 성자가 어떻게 영원하겠어요? 또한 성령은 단지 신의 호흡일 뿐이지 않습니까?

신

성자

성령

그는 이와 같은 맥락으로 갈레노스의 세 가지 체액의 구분을 부인했다.

말도 안 되지요

이렇게 영광스러운 인체에 어떻게 성격이 다른 혼과 체액이 존재하겠습니까?

왜냐하면 모든 창조물 속에는 창조주 유일신의 영광과 힘이 존재하기 때문입니다.

그러므로 저는 동맥혈과 정맥혈이 하나라는 가설을 세웠습니다.

일단 이렇게 한 종류의 혈액만 있다는 생각을 하면 순환설은 아주 쉬워집니다.

말도 안 돼! 시뻘건 동맥혈하고 시꺼먼 정맥혈이 어떻게 같다는 거예요?

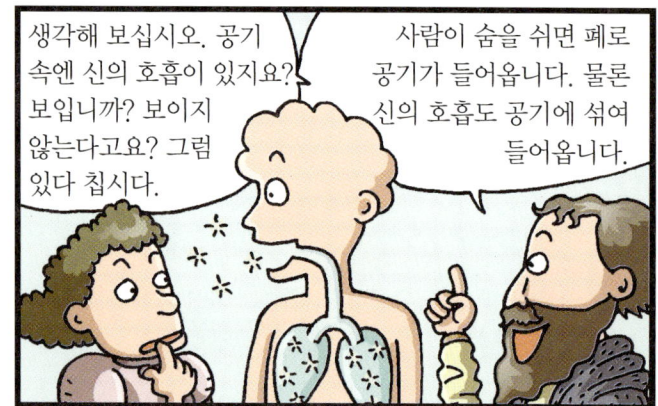

생각해 보십시오. 공기 속엔 신의 호흡이 있지요? 보입니까? 보이지 않는다고요? 그럼 있다 칩시다.

사람이 숨을 쉬면 폐로 공기가 들어옵니다. 물론 신의 호흡도 공기에 섞여 들어옵니다.

이 공기는 폐 속의 혈액과 섞입니다. 그렇습니다! 이 신의 영광이 깃든 공기가 혈액과 만나 정맥혈을 순화시키는 거지요.

할렐루야

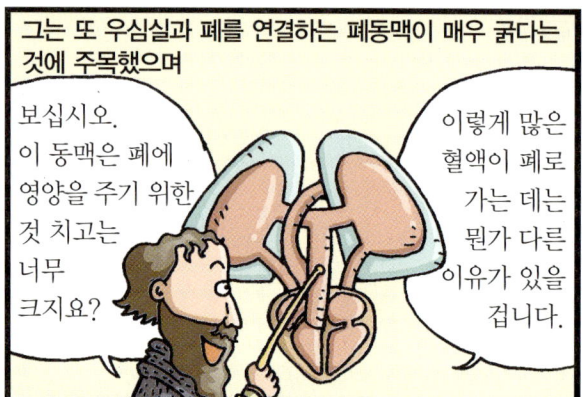

그는 또 우심실과 폐를 연결하는 폐동맥이 매우 굵다는 것에 주목했으며

보십시오. 이 동맥은 폐에 영양을 주기 위한 것 치고는 너무 크지요?

이렇게 많은 혈액이 폐로 가는 데는 뭔가 다른 이유가 있을 겁니다.

혈액은 폐에서 순환할 것이라 짐작하면서

저는 그것이 혈액과 공기가 만나 깨끗해지는 거라고 본 것입니다.

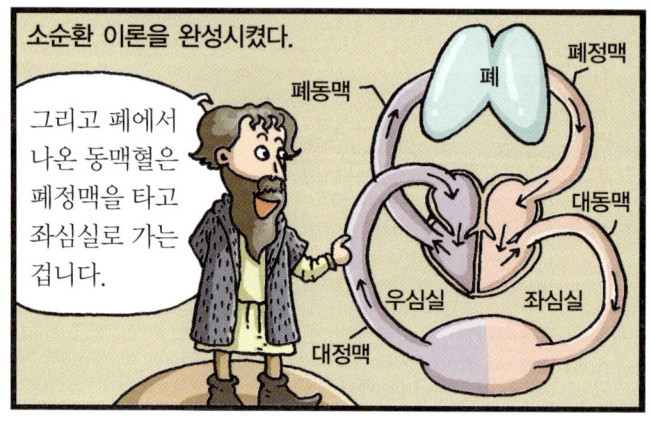

소순환 이론을 완성시켰다.

그리고 폐에서 나온 동맥혈은 폐정맥을 타고 좌심실로 가는 겁니다.

폐동맥
폐
폐정맥
대동맥
우심실
좌심실
대정맥

세르베투스는 결국 이단으로 몰려 화형당해 그의 이론은 알려지지 못했다.

저만 타 버렸겠습니까? 책도 다 타 버렸습니다.

이후 다시 소순환설이 나온 것은 파도바 대학의 해부학 교수였던 콜롬부스에 의해서였다.

직접 해부를 한 게 아니었으니까요.

사실 세르베투스 선배님 이론이 흥미롭긴 해도 해부학자들의 관심을 끌긴 힘들었을 거예요.

콜롬부스
(1516~1559)

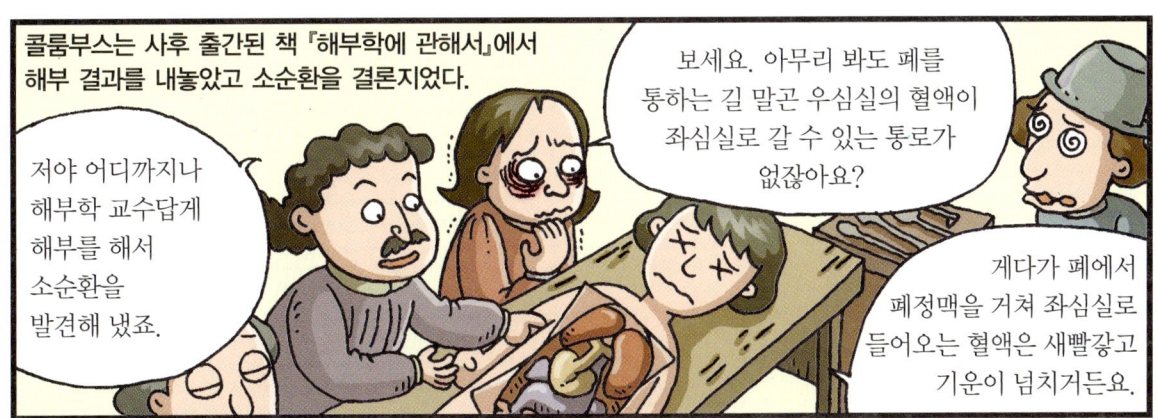

콜룸부스는 사후 출간된 책 『해부학에 관해서』에서 해부 결과를 내놓았고 소순환을 결론지었다.

저야 어디까지나 해부학 교수답게 해부를 해서 소순환을 발견해 냈죠.

보세요. 아무리 봐도 폐를 통하는 길 말곤 우심실의 혈액이 좌심실로 갈 수 있는 통로가 없잖아요?

게다가 폐에서 폐정맥을 거쳐 좌심실로 들어오는 혈액은 새빨갛고 기운이 넘치거든요.

그러니 혈액의 활성화는 폐에서 일어나는 것이지요.

해부학의 발전은 고전 시대에 보지 못했던 많은 것을 발견하게 했는데

이건 뭐예요, 선생님?

젊은 것이라 눈이 좋구만

끄응~ 글쎄다. 책에도 없는 거라서….

이런 발견으로 유명한 사람 중 두 사람을 소개한다.

유스타키오
(1524~1574)

팔로피우스
(1523~1562)

유스타키오는 로마 의과 대학의 교수로서 『해부학 도보』라는 책을 지었는데

이 책의 동판화는 베살리우스의 『인체의 구조에 대하여』를 뛰어넘을 정도로 뛰어났대요.

눈 부셔요 그만 좀 부릅떠요

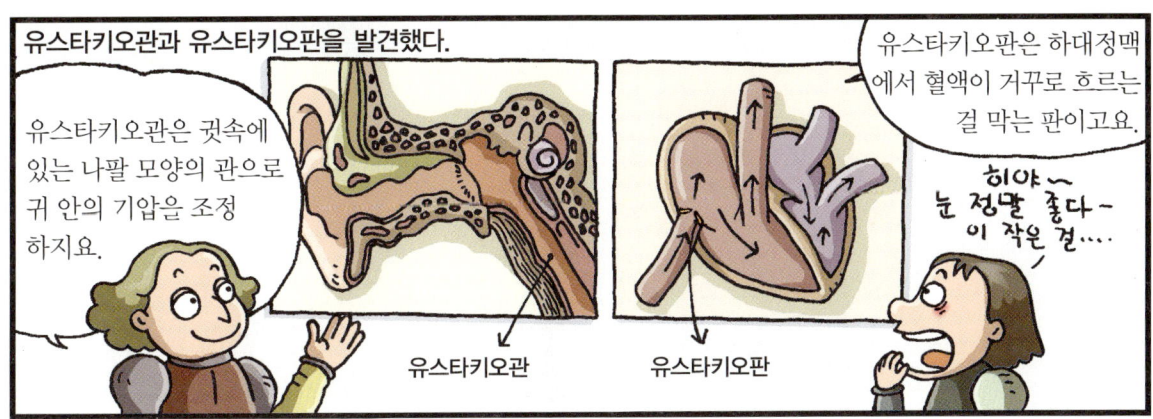

유스타키오관과 유스타키오판을 발견했다.

유스타키오관은 귓속에 있는 나팔 모양의 관으로 귀 안의 기압을 조정하지요.

유스타키오관

유스타키오판

유스타키오판은 하대정맥에서 혈액이 거꾸로 흐르는 걸 막는 판이고요.

히야~ 눈 정말 좋다- 이 작은 걸….

팔로피우스는 파도바 대학의 해부학 교수로서

눈 큰 사람만 새로운 발견을 할 수 있는 게 아니지!

난 해부학의 전통을 지키기 위해 노력했다고!

해부학의 모든 분야를 연구했으며

특히 뼈, 뼈대에 대한 기록이 뛰어났지.

특히 여성 생식기에 대한 업적이 뛰어나다.

난자를 자궁으로 운반하는 관인 난관을 발견했지.

난관

해부학의 발전과 함께 외과 수술에도 약간의 변화가 있었는데

여러 가지 수술 기구들이 늘어났지요.

이 시기 가장 유명했던 외과의로는 이발사인 프랑스의 파레가 있다.

근대 외과학의 아버지라고 불리죠.

파레
(1510~1590)

그는 파리의 큰 병원과 전쟁터에서 많은 경험을 쌓았으며

어느 시대든 전쟁은 의술을 발달시키지유.

실험 대상이 풍부하니까…

외과술 개량에 크게 이바지했다.

으아아아ㅎㅎ

당시에는 총알 맞은 상처에 펄펄 끓는 기름을 부었지유.

저 의사한테 치료받고 싶어요

일루 와

그러나 총상 자체엔 독이 없어유. 그러니 진정 요법으로 치료하는 게 훨씬 낫다는 걸 알았쥬.

그리고 잘린 곳에서 나는 피….

급해요, 급해! 피가 이렇게 콸콸…!!

당시에는 피를 멎게 하려고 불에 달군 쇠꼬챙이로 지지는 방법을 썼는데…

예? 불 피울까요? 아니 참, 쇠꼬챙이 가져올까요?

이렇게 동맥을 동여 매는 게 더 좋은 방법이지유.

꼭

파레는 그 밖에도 난산의 촉진법이나

애가 무지하게 안 나올 때 있잖유. 그럴 땐 태아의 방향을 돌려 주면 좀 수월해지지유.

랑이 아파요?

아이고 나 죽네

정교한 의수족을 발명했다.

기계로 만들 수 있는 의수족이지유.

히야- 신기하다

이 시대에도 수술할 때 마취제들을 사용했지만

대마, 아편 같은 약초의 뿌리와 씨 등을 끓여서 만들어요.

뭐…, 약효는 장담할 수 없지만유.

18세기에 에테르가 나오기 전까지는 큰 효과가 없었다고 한다.

마취약이 때로는 몸에 치명적 이기까지….

우왁

에궁! 또 마취가 풀렸네. 꼭 잡고들 있으라고.

아프겄다 그치?

16세기 외과 수술 모습

또 르네상스 시기에는 의화학이 발달했다.

고대에는 병의 원인이 외부적인 것이 아니라

네 가지 체액의 비율이 조절되지 못해서라고 생각했죠.

그리고 이 비율을 회복시키는 힘은 인체 내부에 있다고 믿어서

히포크라테스 시대에는 환자가 영양과 안정을 취하는 것 말고 별다른 약을 사용하지 않았습니다.

먹고싶은 거 없어?

그러나 갈레노스 시대에는 약품을 사용하여 체액의 균형을 회복시키려 했지요.

이때는 주로 60~70가지의 물질을 섞은 만병 통치약들을 사용했어요.

이 약의 재료들은 대부분 생물에서 얻었고…

먹어! 몸에 좋은 거니까

맛없어서 싫어요 재료가 뭔데요?

몸에 해로운 것도 많았습니다.

보자…… 혈액·담즙 쥐며느리 또… 우엑

이런 약 중에는 광물질에서 얻은 것은 매우 적었는데

고대의 학자들이 화학 물질에는 그다지 관심이 없었기 때문입니다.

그러나 중세에는 연금술사들이 화학을 의약에 적용하려고 노력했습니다.

이 노력이 절정에 이른 것은 파라셀수스에 의해서였다.

내 이름은 고대의 의학자 셀수스보다 위대하다는 뜻이지.

아! 누가 지어 줬냐고? 물론 내가 지었지. 당연하잖아?

파라셀수스
(1493~1541)

그는 스위스에서 태어났고 신학자이자 의학자요 자연과학자였는데

본명은 필리푸스 아우레올루스 테오프라스투스 봄바스토스 폰 호엔하임 이라고 하는데요.

파라셀수스라고 부르랬지!

아주 과격하고 열정적인 사람이었다고 한다.

배울 게 있으면 어디라도 달려가 배우지.

이발 외과의나 약사를 초청해서 강의를 듣기도 하고…. 기술자와 학자의 구별은 없어져야 한다고!

강의하는 곳

그는 권위를 싫어했고 전통에 얽매이지 않았는데

라틴 어로 강의하던 전통을 깨고 독일어로 강의했지.

강의를 시작할 땐 막걸리로 개강 파티를… 아니, 그게 아니고 이븐 시나와 갈레노스의 책을 불태우기도 했고….

이는 그가 종교 개혁적인 사상을 가졌기 때문이다.

종교 개혁가들이 원시 기독교의 순수성을 되찾기 위해 애쓴 것처럼

나도 의학의 순수성을 되찾기 위해 싸웠다고.

이 사상의 핵심은 계급 타파였으므로

지구에 있는 모든 피조물들은 서로 독립적이며 평등하단 거지.

파라셀수스의 자연 인식 또한 그러했다.

자연계의 모든 존재들은 다른 존재들과는 관계가 없다는 거지.

단지 그 내부에 있는 생명력에 의해 발생한다고 할까?

그러므로 인간은 대우주에 의해 지배되는 존재가 아니라

하나의 자율적인 소우주, 소세계가 되는 거야.

그게 뭐지? 소세지는 아는데…

그리고 이 자율적인 존재들은 스스로 생장, 촉진의 힘을 가지는데

난 이 힘을 땅의 정령 이름을 따서 '아르케우스'라고 불렀어.

애가 몸속에서 하는 일은 유익한 음식물을 골라내고 영양물을 신체의 조직으로 바꾸는 거지.

조물락
조물락

세상에는 다양한 아르케우스들이 있어 각기 다른 방식으로 특수한 개성을 가진 생물들이 만들어지는 거지.

똑같은 건 싫어—

나도

나는 뭐 좋은가?

그리고 난 병이라는 것도 아르케우스, 그러니까 어떤 생명의 힘이라고 생각했지.

갈갈
갈갈갈
갈갈갈

병의 아르케우스는 몸을 습격해 몸에 있는 아르케우스랑 싸우는데

이때 병의 아르케우스가 싫어하는 물질을 몸에 넣어 주면 몸의 아르케우스가 병의 아르케우스를 누를 수 있게 되는 거야.

챙 챙

병의 아르케우스가 싫어하는 물질을 특효약이라고 한다면

특효약을 만들기 위해 광물질과 식물을 연구하는 게 바로 내가 할 일이라네.

감동—

그는 연금술을 색다르게 정의했는데

연금술이란 자연의 원료를 인간에게 유익한 물건으로 바꾸는 과학이지.

절대 황금을 만드는 게 아니라고

그러므로 고기를 음식 물로 만드는 요리사나

광물로 금속을 만드는 제련공

그리고 나처럼 약을 만드는 사람들은 모두 연금술사란 말이지.

이러한 맥락에서 연금술로써 의화학의 기틀을 세웠다.

믿거나 말거나.

사실 연금술 자체는 좋은 거라고. 잘못되는 건 다~ 그 연금술사의 기술이 부족하기 때문이라고.

파라셀수스는 인체를 하나의 화학계로 보았다.

인체 속엔 계급이 있을 수 없지. 뭐 돼지고기 부위 별로 파는 것도 아니고….

뭐시라

그럼 병은 어떻게 생기느냐? 유황, 수은, 염. 이 세 요소가 균형이 맞지 않으면 생기지.

내 이론이랑 비슷하구먼, 뭐

그건 아니지. 다른 점을 찾아보자면 잘 기억해 둬. 잃어버린 균형을 되찾을 수 있게 해 주는 건 광물질 약품뿐이라고.

결코 유기질로는 치료할 수 없다는 거거든.

의화학자들은 어쩌다 좋은 약을 발견하기도 했다.

빈혈증이라… 여기엔 철 성분의 염이 필요 하지요.

왜요?

왜냐니? 피는 붉잖아요. 붉으면 화성, 화성은 마르스! 마르스는 피와 철의 신이니까….

어쨌든 이 논리가 치료에 도움이 될 때도 있었다고 합니다.

소 뒷걸음에 쥐 잡은 격이구먼

의화학파의 특징 가운데 또 한 가지는 병이 지닌 각각의 특성을 구분한 것이다.

병은 그 종류에 따라 확실한 특징이 있지. 잘 기억해 둬!

그러므로 이런 식의 만병 통치약을 쓰는 건 미련한 짓이지~.

이 가운데 어떤 재료가 효과가 있는지 알 수 없으니까….

그러니 제대로 된 약 하나만 먹는 게 좋은 거야.

이러한 처방은 의약재의 발전을 가져왔고

16, 17세기에 커다란 영향을 미쳤다.

특히 약사들의 기술에 이론을 더해 독립적인 의료인으로 설 수 있게 해 주었지.

약사들의 지위가 향상된 건 물론이고요.

이 시대엔 매독이 퍼졌는데

아마 신대륙에서 옮아 왔을 거라고 하는데….

매독은 병원체가 20세기 들어서야 발견되니까

속수무책! 이 병으로 많은 사람들이 죽어 갔죠.

의사이자 병리학자, 시인인 프라카스토로는

안녕?

만나서

반가워요.

프라카스토로
(1478~1553)

시필루스라는 사람의 매독 증세를 자세히 관찰하여

어디가 아픈데요?

좀 더 자세히 말해 봐요.

어떻게 아파요?

끄응

『매독 또는 갈리아병』이라는 책을 썼다.

그래서 매독★의 이름은 시필루스에서 유래했죠.

후세에 이름이 길이 남겠어요.

너무 하잖아

★ 매독(syphilis) - 스피로헤타라는 나선균에 의하여 감염되는 성병.

그는 병이 나는 건 미생물 때문이라고 주장했는데

어떤 종류의 병은 전염되는 것 같은데….

아마도 병의 원자, 또는 씨앗이 있는게 아닐까요?

이는 원자론에 근거한 설명이었다.

그 씨앗들은 전염 되고, 늘어나고, 또 전염되는 거지요.

만지거나

공기 등을 통해서 말이지요.

프라카스토로와 파라셀수스의 주장은 바이러스 발견 등을 예견한 것이었으나

내가 또 천재 였거든.

그쵸?

제 말이

맞았죠?

아쉽게도 마무리를 짓지 못하고 끝났다.

난 안 들려!

어머~, 저 구름 좀 봐!

실험을 통한 증거가 뒷받침되지 않았거든요.

또 프라카스토로는 흑사병과 발진티푸스★를 구별했다.

어머? 조금 달라요.

정확한 차이점은 설명하기 힘들어도…

자세히~, 유심히~ 관찰하면

난 그게 그거 같던데….

조금 다른 부분이 있거든요.

★ 발진티푸스 - 이가 전염시키는 급성 전염병.

르네상스의 생물학

이 시기 생물학은 여전히 고대에 사용했던 분류를 따르거나

아리스토텔레스? 플리니우스? 아직도 거기서 벗어나지 못한 거야?

누가 뭐래도 난 이게 좋은걸.

상상 속의 동식물을 즐겨 다루는 중세의 경향이 남아 있긴 했지만

상상력 하난 뛰어나다니까.

그래도 재미있잖아.

전반적인 가치관의 변화에 힘입어

전 이런 거 말고, 르네상스의 실제 연구를 보고 싶다고요.

난 그 사람들하곤 안 친한데….

저기 가서 알아봐

관찰과 비교 연구에 바탕을 둔 것들이 많았다.

여긴 뭐 하는 데죠?

뭐, 말하자면 표본실이나 식물원 같은 건데….

우왓! 사람도 수집해요?

살려줘~.

또 표본들이 무너졌구먼…

동식물의 표본을 많이 채집하다 보니 종종 이런 사태가 발생하지.

이 시대부터 과학혁명기까지 이런 표본실은 부자들의 유행이었거든.

헤헤헤.

괜찮아요? 조심 좀 하지…….

이런 실증적인 자료 수집 덕분에 중요한 발견들이 이루어졌다.

마침 잘 왔어. 희귀한 동물 표본을 찾아냈는데 보여 줄게.

어어~ 조심해요. 또 무너질라.

그중 식물학 연구는 독일에서 가장 활발했다.

특히 이 세 사람이 독일 식물학의 아버지로 유명하지.

안녕?

제롬 보크 (1498~1554)

레온하르트 푹스 (1501~1566)

오토 브룬펠스 (1488~1534)

어떻게 아버지가 세 사람이나 되냐? 과학적이지 않은 표현은 삼가 줘!

이 세 사람은 같은 시대를 살았고, 사상과 경력이 무척 비슷하지.

세 사람 다 루터파라서 개혁적인 성향을 가졌고….

정말 우리에 대해 자세히 조사했군요.

난 남과 비교되는 것이 싫다니까!

다들 직업이 의사였지만 훗날엔 식물학자로 기억되는 점도 똑같지.

너무 자세한 것까지 들춰내는 건 좀….

게다가 아픈 곳을 찌르다니!

브룬펠스는 1530년경 『살아 있는 식물도감』을 냈는데

1530년부터 1540년에 걸쳐 세 권을 냈죠.

라틴 어본과 독일어본이 같이 나왔답니다.

라틴 어

독일어

주로 디오스코리데스나 다른 식물학자들의 것을 많이 따 썼다.

한마디로 베꼈다는 얘기지.

너무 직설적인 표현은 좀….

게다가 가끔 같은 식물에 다른 이름을 붙이기도 했고요.

식물의 지리적 분포도 잘 몰랐지.

너무 무시하는 말도 좀….

XXXX

그럴더라도 브룬펠스의 책은 의미 있었다.

우선… 최초로 독일의 식물을 기록했다는 게 중요하고요.

특히 화가 바이디츠가 그린 정확하고 아름다운 그림들 때문에도 유명하지요.

이 그림들이 어찌나 정확한지…, 어떤 것들은 그림을 그리면서 시들기 시작한 것을 표현한 것도 있답니다.

안 돼! 시들지 마! 아직 다 못 그렸어~

……ㅇ

거기다 그 식물이 사는 곳까지 빼놓지 않고 그려서 후대 사람들이 연구하기에 아주 귀중한 자료가 되었죠.

물론 같은 시대의 보티첼리나 뒤러 같은 화가들도 살아 있는 식물을 그리긴 했지만…

보티첼리 〈봄〉←

뒤러 〈잔디〉

브룬펠스의 책은 개념과 방법론에서 의의가 있었죠. 어쨌든 이 책이 나온 뒤 서구 과학계가 변했다고 하니까.

너무 칭찬하는 것도 좀….

1539년 제롬 보크는 『새로운 식물지』를 써서 식물학 연구의 새 길을 열었다.

애, 넌 어디서 사니?

좋아하는 날씨는?

말이 없는 걸 보니 수줍음을 많이 타나 보구나.

이 사람은 식물들이 발견되는 지역에 특히 관심을 가졌지.

……!

애들아, 난 말이야. 서로 다른 너희들을 어떻게 한데 묶을 수 있을지 고민이란다.

너희 생각은 어떠니? 같은 지역에 사는 애들끼리 묶는 건?

아니면 너희가 갖고 있는 성질에 따라 묶는 건 어떨까?

그는 이 책에서 신화 같은 식물 이야기를 바로잡으려 애썼지만

난 말이지. 식물을 두고 이상하게 얘기하는 건 참을 수가 없어.

뿌리가 사람 모양이라는 둥 뽑는 소릴 들으면 죽는다는 둥의 얘기는 너무 심하지 않니?

한계는 있었다.

그러는 당신도 난초에 대해선 틀리게 얘기했잖아!

어머! 그럼 난초, 너… 까마귀와 개똥지빠귀의 새끼가 아니란 말이니?

……!

이 책은 처음엔 관심을 받지 못하다가

왜 인기 없었는지 알겠지?

당연하죠. 그림이 없잖아요, 그림이!

1546년 화가 칸델의 목판화가 실리고 나서야 주목받았다.

이제야 좀 볼 만하네. 이런 책들은 그림이 중요하다고.

맞아 맞아, 없으면 섭하지.

푹스는 『식물의 자연사』라는 약초도감을 만들었는데

당신들 왜 자꾸 따라다니는 거요?

1542년에 나온 책이지.

이 책에도 훌륭한 그림들이 많이 실려 있었다.

삽화에 꽤나 신경을 썼지. 화가와 삽화가를 세 명이나 썼다니까.

비록 디오스코리데스 것을 따르긴 했지만 식물을 알파벳 순으로 배열해서 쉽게 찾아볼 수 있도록 했고…

촤르르르

A
B
C

독일에서 나는 400종의 식물과 외국 식물 100종을 관찰해 기록했다고.

그러면 이 사람은 어떤 식으로 분류했나요?

음…, 식물을 분류하지는 않았던 것 같은데….

앗 드디어 내 흉을?

그 대신 식물에 학명을 붙이기 위해 많은 노력을 했지.

이 작업도 분류 만큼이나 의미 있는 작업이었단다.

아닌가?

학명……
학명……
학명……

이들 말고도 많은 학자들이 식물학을 연구했다

코르두스는 의학이 아닌 식물학의 관점으로 본

『식물의 자연사』라는 책을 쓰고 29세에 요절했죠.

코르두스
(1515~1544)

클루시우스는 레이덴 대학에 유럽 최고의 식물원을 만들고 600종이 넘는 새로운 식물을 담은 『희귀 식물론』을 썼으며

곰팡이에 대한 첫 논문도 썼답니다.

클루시우스
(1526~1609)

또 가장 초보적인 분류 방법부터 시작해서

이 식물은 나무일까 풀일까?

먹을 순 있나?

약으로 쓰는 거랑 아닌 거랑

좀 더 학문적인 분류 방법들을 많이 선보였습니다.

얘는 만날 먹는 타령이야

그러는 넌!

동물학자이기도 한 게스너는 식물의 구조를 통해 분류하려고 했고요.

이건 수액이 공급되는 방식이 다른데?

마티아 들로벨이란 사람은 주로 잎의 구조로 식물을 분류하려 했으며

딴건 몰라도 외떡잎식물과 쌍떡잎식물은 다를 것 같아

체살피노란 학자는 수정 기관에 따라 식물을 분류하기도 했지요.

수정 기관이 어떻게 생겼는지에 따라··· 민꽃식물로···

특히 쌍떡잎식물과 외떡잎식물의 분류법은 요즘도 쓰이는 식물 분류 방식이랍니다.

쌍떡잎   외떡잎

흐음~. 식물학이 이만큼이나 발전했으니 동물학도 발전했겠죠?

그렇지! 동물학에는 우선 세 명의 의사가 있었는데…

또 세 사람!

이 사람들은 '백과전서파 자연주의자들'이라고 부르지.

그중 첫 번째 인물인 롱들레는 해부학자이면서 바다 생물에 깊은 관심을 가졌는데

롱들레
(1507~1566)

1558년 『완전한 어류의 자연사』라는 책을 써서 해양생물학의 연구 성과를 발표했다.

바다 생물뿐 아니라 민물고기도 들어 있는데?

말도 마. 비버 같은 물가에 사는 동물들까지 포함시켰더라고….

우리한테도 관심 가지면 안 되는데….

롱들레는 수중 동물의 해부학과 소화, 호흡, 생식 방법을 연구했고 그 기능을 환경과 연관시켰다.

예를 들면 부레! 부레란 어류의 배 윗부분에 있는 가스로 부푼 주머니인데

부레

물고기가 물에서 뜨거나 가라앉는 것을 조절하지.

으아— 해부도다

부레는 민물고기라면 모두 가지고 있지.

어떻게 알았지?

이것이 몇몇 바다 생물에도 있음을 알아냈다.

주로 정어리류의 물고기들이지.

귀신은 속여도 나는 못 속이거든…, 암!

정어리? 우리 사촌인데….

또 롱들레는 돌고래의 귀를 발견해 사람이나 돼지의 귀와 비교하기도 했다.

돌고래가 말이야, 일명 물돼지라고도 불리는 거 알아?

사는 곳은 달라도 같은 포유류다 보니 비슷한 점이 많더라고!

저기… 난 해양 생물도 아닌데…

그가 남긴 성게 그림은 현재 남아 있는 무척추동물의 해부도 중 가장 오래된 것이라고 한다.

무척추동물이란 말이야, 등뼈가 없는 동물이란 뜻이거든….

결국 성게까지….

우리한테 관심 좀 꺼줘요

백과전서파의 두 번째 인물은 뛰어난 언어학자이자 신학자이며 의사인 게스너이다.

특히 그리스 어와 헤브라이 어 연구에 뛰어 났답니다.

게스너 (1516~1565)

에헴 에헴

그는 식물과 동물을 모두 연구했고

나 아까 식물학에서도 나온 거 기억나요?

코르두스가 요절하고 나서 그의 책을 이어받아서 완성시켰고

기억나요

『식물의 서』는 스스로 식물 구조가 중요하다는 걸 완벽히 이해하고 쓴 책이죠.

무려 1500 종의 식물 그림이 실려 있지요.

다섯 권짜리 『동물의 자연사』로 유명하다.

4500쪽이 넘는데 뭐. 이 책에 대해 더 얘기하지는 않을래요.

단지 200년 뒤 유명한 동물학자 퀴비에도 이 책에 열광했다는 것만 밝혀 두죠.

그는 이 책에서 식물을 분류했던 것처럼 동물도 새롭게 분류하려 했는데

식물은 나름대로 성공적이었는데

동물은… 이거 만만치가 않네요. 워낙 광범위해서.

그다지 성공적이지는 못했다.

그치만 누군가는 동물의 분류에 나서야 한다고 다들 느꼈을 거예요. 이제 곧 누군가가 시작하겠죠.

전 그 정도에 의의를 두겠어요.

끝까지 잘난 척은

게스너는 화석을 다룬 논문에도 그림을 넣어 도판의 중요성을 강조했다.

제가 좀 유행에 앞서 나가잖아요. 논문이 꼭 딱딱하기만 하란 법 있나요?

정말……

백과전서파 자연주의자의 세 번째 인물은 블롱인데

일찍이 프랑스 근처의 가난한 집에서 태어나 약학을 공부했쥬.

블롱
(1517~1564)

코르두스 밑에서 식물학을 공부했고 나중에 의사 면허를 땄다고 한다.

일찍이 프랑스 왕실에서 인정받아 궁정에서 일을 했지유.

한데 왜 그런지 몰라도 49세에 암살당했구만유.

식물과 동물에 관심이 많았던 블롱은 세 권의 책을 썼는데

일찍이 중동 지역을 돌아다니며 관찰한 식물과 동물의 분포에 대해 기록했쥬.

보자…, 먼저 1551년에 쓴 『이국 어류의 자연사』가 있구유.

1553년에 쓴 『수중생물에 대하여』도 있어유.

1555년에는 『조류의 자연사』도 썼네유.

『이국 어류의 자연사』는 블롱이 직접 해부했던 어류와
바다 포유류에 관한 것이다.

포유류란 말이쥬,
새끼를 낳아 젖을
먹여 키우는 동물
들을 말해유.

바다포유류로는
바다표범, 바다소,
바다코끼리, 돌고래,
고래 등이 있어유.

끼기룩

저기유, 바다포유류의 암컷을
해부해 보면유. 그러니까 젖이
나오는 관이 포유류와 같거든유.

게다가 또 이놈들이 공기루
숨을 쉰단 말이쥬. 하~ 그래서
포유류로 분류해야 할 것
같긴 한데…

그렇지
밀어 붙여 껑끄 당신 뭘 좀 아는군

헤헤, 그냥 물고기로
분류해 버렸쥬.

에이 씨

또 조류 해부학
가운데 틀린
부분도 고쳤구유.

블롱은 새에 대한 연구로도 유명했다.

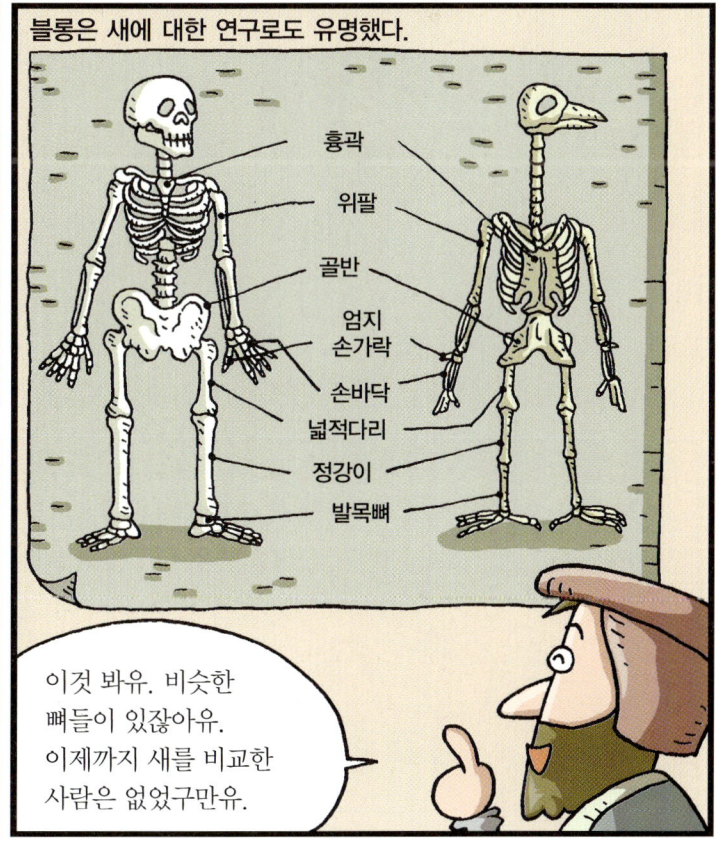

흉곽
위팔
골반
엄지
손가락
손바닥
넓적다리
정강이
발목뼈

사람과 새의 골격을
정확하게 비교했지유.

이것 봐유. 비슷한
뼈들이 있잖아유.
이제까지 새를 비교한
사람은 없었구만유.

그 밖에도 뛰어난 동물학자로서 알드로반디가 있다.

처음엔 수학과 라틴 어를 공부하다가 여행을 떠났는데

알드로반디
(1522~1605)

어찌나 신기한 것들이 많은지…. 그럴 때마다 공부를 때려치우고 그걸 보러 갔었죠.

그러다가 롱들레 씨를 만난 거예요. 당연히 자연사에 푹 빠져들었죠.

고향에 돌아와선 의사 노릇을 했어요.

볼로냐 대학에서 논리학을 가르치면서요.

그치만 자연사에 대한 사랑을 억누를 수가 없었답니다.

결국…, 결국….

볼로냐 대학 첫 자연사 교수가 되어 버렸죠.

이탈리아 첫 식물원도 세웠고요.

그는 알의 발생에 대해 연구했으며

발생학이라고 불러야 하나?

어쨌든 제 연구가 위대한 발생학자 코이터에게 영향을 줬다는군요.

곤충과 새, 포유류 등에 대해 썼고

1600년엔 새에 대한 세 권짜리 논문을

1603년엔 곤충에 대한 한 권짜리 논문을 썼죠.

뱀, 용, 괴물에 대해서도 언급했다.

용에 대해서는 묻지 마세요. 저야 워낙 호기심이 많으니까.

어쨌든 제가 이탈리아 동물학 연구를 북돋운 건 사실이래요.

르네상스
기술

구텐베르크가 시작한 활판 인쇄는 전 유럽으로 빠르게 퍼졌고

영향력 또한 컸다.

이르다뿐이야. 책을 많이 만들어 낸 것 말고도

필경사의 실수로 잘못 쓰는 일들이 없어졌고…

그 책을 또 다른 사람이 베낀다는 생각은 안 해 봤어?

에구… 졸다가 잘못 썼네 그냥 넘어가자… 고치기도 힘든데

몇몇 학자들만 읽을 수 있는 라틴 어가 아니라,

각 나라 말로 책들이 나왔지.

우리나라 말로 책이… 꿈이야 생시야

이에 발맞추어 동판화 기술이 발달하면서

책에 복잡하고 섬세한 그림도 실을 수 있게 되었지.

이 동판화는 사실주의 기법의 발전과 더불어 과학이 진보하는 데 크게 이바지했지.

히히… 판화가라는 새로운 직업도 등장했다고.

돈도 많이 벌고 말이지.

그 밖에도 곳곳에서 기계들이 쓰이기 시작하면서 산업을 변화시켰고

풍력, 마력 등을 이용한 기계들을 사용했지요.

지레의 원리를 이용한 차축도 썼고요. 광산 같은 데선 레일과 수레차가 쓰였죠.

이건 나사를 깎는 선반이랍니다.

생활 모습도 바뀌었다.

시계만 해도 추가 떨어지면서 움직이는 것이 아니라

단계적으로 맞물려 시간을 알리는 것이 등장했죠.

크기도 점점 작아지고….

23cm 짜리야

어머~, 정말 작아졌네요. 이만하면 방 안에 놔둘 만 하겠어요.

라멜리는 프랑스의 앙리 3세 밑에서 일했던 군사 기술자로

라멜리
(1531~1600)

그가 지은 책 『여러 가지 정교한 기계에 대하여』는

우아아~.

195개나 되는 큰 그림이 실린 것으로 유명하다.

이야~.

이건 물레방아로 풀무*를 움직여 불을 피우고 철을 녹이는….

흠!

아, 이건 빻아서 가루를 만드는 상자 모양 풍차….

으음!

이건 개량형 풍차인데 뭐가 다르냐면….

★풀무-불을 피울 때 바람을 일으키는 기구.

사람이 성의 있게 설명하면 좀 들어!

아, 네.

보통 상자 모양 풍차는 기계 전체를 바람 방향과 똑같이 맞췄지만

이런 개량형은 바람 방향이 변해도 위쪽 삼각추 부분만 회전시키면 된다고.

다 끝났어요?

으응?

응.

그럼, 난 이만….

이봐! 그걸로 끝이야?

감탄 좀 해 달라고

독일 출신의 광산학자이자 지질학자이며 의사인 아그리콜라는

여기 이 아저씨도 재미있는 책을 썼네.

아그리콜라
(1494~1555)

그렇게 소문난 휴머니스트라면서요? 근데 휴머니스트가 뭐예요?

휴머니스트란 인문주의자, 즉 인간의 존엄을 중시하고 고전 문화를 지지하는 사람을 말하죠.

라이프치히 대학에서 철학, 신학, 언어학을 공부했으며

이 전공들을 택한 이유는요?

제가 휴머니스트이기 때문이죠.

신 학 언 어 학

1524년부터 이탈리아에서 의학 공부를 시작했다.

갑자기 전공을 바꾼 이유는요?

그것도 제가 휴머니스트이기 때문이죠.

그러나 그는 결국 의사업을 버리고 광산과 광물 연구를 시작했다.

의사직을 버린 이유는요?

잠깐! 휴머니스트라는 말은 빼고 대답해 주세요.

…광물성 약에 관심을 가졌기 때문이죠.

흐음… 이 책들의 특징을 한마디로 요약한다면?

한마디로 휴머니스트답게!

저야 휴머니스트이다 보니 세계가 전혀 변하지 않는다는 성서의 말은 믿지 않았어요.

졌다

그래서 암석이나 광물로 이뤄진 세계의 지형은 자연의 힘에 의해 변화한다고 생각했고요.

특히 내가 죽고 난 다음 나온 『광산의 서』에는 지질학의 원리, 광산 기술, 직업병과 치료법 등 광업에 관한 모든 것이 들어 있고

이 책은 훗날 지질학을 근대적으로 만드는 기반이 되었답니다.

아항… 이 시대에는 지팡이로 광맥을 찾았구나….

그 밖에 시대 상황에 발맞춰 조선술이 발전했으며

먼 바다 항해용의 큰 돛배가 많이 만들어졌지.

전쟁에서 화약이 자주 사용되면서

뭐, 아직 활이나 투석기도 사용했지만

아무래도 화약이 더 효과적이다 보니….

총포와 화약의 성능을 높이기 위해 다양한
기술들을 개발했다.

비링구초는 대포를 만드는 기술자로

대포의 제조와 화공법★에 정통했지.

비링구초
(1480~1539?)

★ 화공법 – 전쟁 때 불로 적을 공격하는 방법.

『화공술』이라는 책을 썼는데

누가 보든 명료하게 알아볼 수 있도록 신경 쓴 거거든.

야금술이나 광산업에 큰 영향을 주었다.

성능 좋은 대포는 전쟁을 좌지우지할 만큼 중요했기 때문에

큰 돈을 들여 활발한 연구가 이루어졌거든.

이와 같은 상황에서 대포의 기술은
점차 향상되었다.

으하하하! 기술자로서의 보람이랄까.

그러나 이건 전쟁이 점차 대량 살상으로 살벌해진다는 얘기도 되잖아요.

열일곱 살 때 고향을 떠나 아시아를 떠돌다가 1295년 베네치아로 돌아온 마르코폴로.

여어 잘들 있었나? 26년 만일세~

아니 이게 누구야? 너 살아 있었구나! 도대체 어디 갔다 온 거야?

뭐… 그냥 좀… 동방에 다녀왔지! 거기서 몽골의 임금님인 쿠빌라이 칸의 신하로도 있었고 말이야.

에이… 설마.

거기 다녀온 사람은 여태 아무도 없었다고!

마르코폴로의 여행담은 너무나 신기했으니

아담 조상님 이후로 나만큼 넓은 세상을 본 사람은 없었을 거야.

내가 산 넘고 물 건너… 바다 건너…

사람들은 그의 말을 믿지 않았다.

몽골의 수도인 캄발룩(북경)엔 기와집이 백만 채.

뭐든지 백만이지. 저런 허풍쟁이 같으니라고.

그리고 베네치아는 전쟁에 휩쓸린다.

엥? 내 얘기 안 듣고 어디 가는 겨?

지금 그럴 때가 아냐. 제노바랑 한판 붙었당게로.

왜?

진짜 몰라? 동방에서 들여오는 특산품들 때문이잖아.

차랑 후추, 도자기나 비단 같은 거 말이지? 아직도 불티나게 팔리나?

불티나게 팔리지. 그러니까 문젠데….

그 물건들은 흑해 지역을 통과해서 이쪽으로 수입되는데 거길 제노바가 꿀꺽 해 버린 거…

……

베네치아

제노바

라구자

콘스탄티노플

흑해

메시나

흑해를 다시 점령 못하면 동방 무역은 끝이니까 다들 전쟁하러 나와!!

……

흠~. 전쟁에서 이기면 베네치아가 다시 동방 무역을 하게 될 거고…

계산중

그럼 동방 사정을 잘 아는 내가 장사로 떼돈을 벌 기회가 오는 거잖아!

계산끝

기다려~ 나도 참여한다!!

그러나 베네치아는 제노바에 패하고 말았다.

그리고 난 전쟁 포로가 돼서 지하감옥에 갇혀 버렸지.

크흑, 백만장자가 될 수 있는 기회였는데…

감옥에서 난 일약 슈퍼스타가 돼 버렸지비.

하루종일 심심한 죄수들끼리 뭘 하고 놀겠어? 그냥 지난 얘기나 하고 놀 거 아냐.

또 몽골 얘기 해줘요

190

이 죄수들은 들다 도망갈 걱정도 없고….

게다가 이 녀석은 내 얘기를 받아 적기까지 한다니까.

피사 출신의 작가 루스티첼로

루스티첼로가 받아 쓴 책은 『세계의 서술』이라는 제목으로 출판되었다.

이게 바로 유명한 『동방견문록』이죠.

서양에서 성경 다음으로 많이 팔린 책이랍니다.

MARCO POLO
THE DESCRIPTLON OF THE WORLD

이 책을 통해서 서양인들은 자신들이 들어보지도 못했던 넓은 세계에 대해 알게 되었고

새로운 세계에 대한 꿈을 키워 나가게 됐죠.

탐험가들의 필수품 중의 하나가 이 책이랍니다.

콜럼버스

사실 개인적으론 베네치아가 전쟁에서 이겨서 동방 무역을 독점하는 게 부와 권력을 모두 쥘 수 있는 좋은 기회였지만

그렇게 되면 감옥에 갇힐 일도 없었고 이 책이 나올 일도 없었을 테니 인생 참 오묘하단 말이야.

죽으면 사라질 부와 권력 대신 역사에 길이 이름을 남긴 거죠.

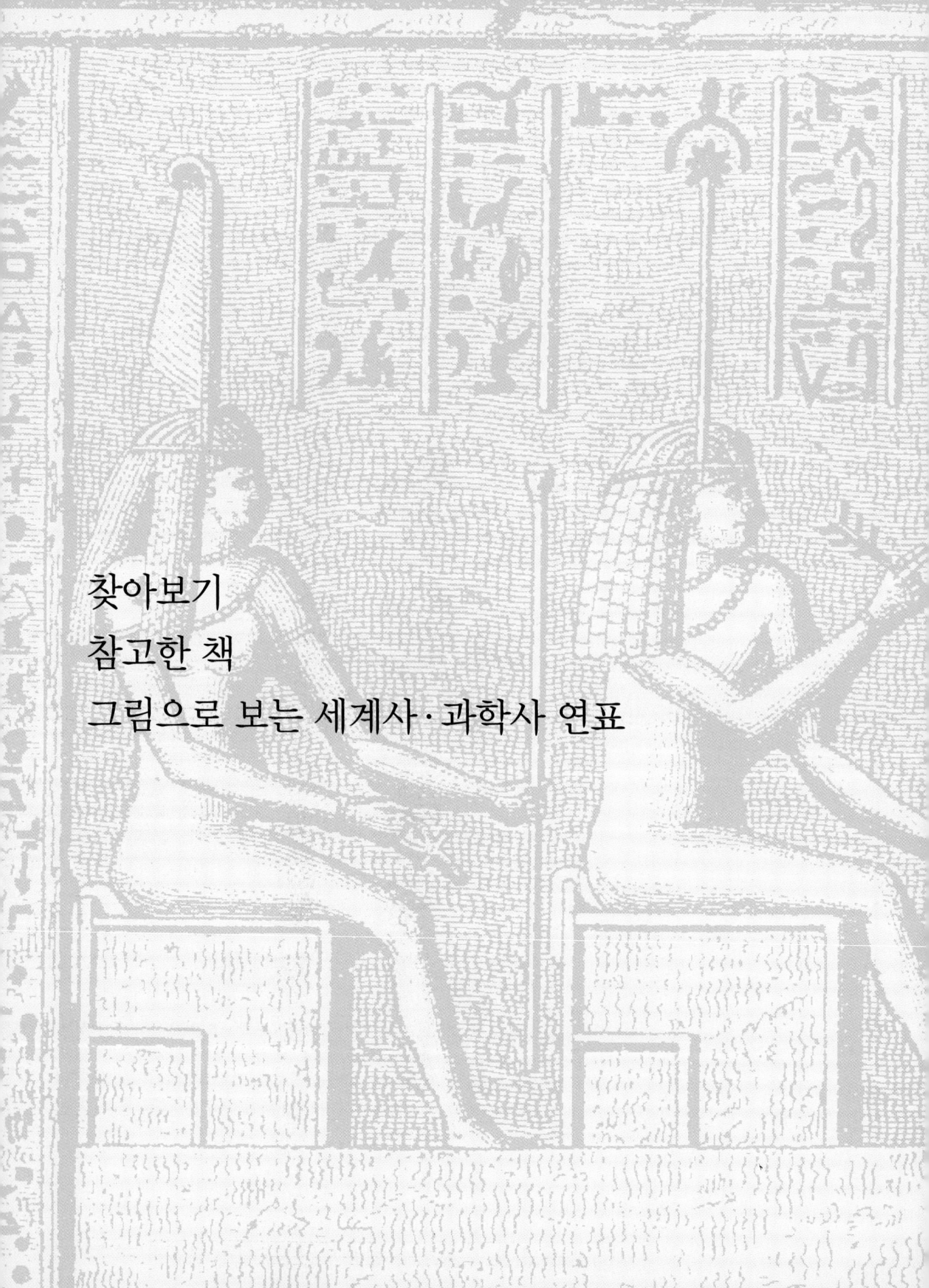

지금부터 이 책의 작가들이 도움받은 책을 소개하겠습니다.

그냥 늘어놓자니 정신이 없어서 몇 가지로 나눠 분류해 봤습니다.

더 많은 정보를 얻고 싶으면 찾아보세요. 우선은 과학사를 다룬 책들입니다.

세계과학문명사 1, 2
콜린 A. 로넌 지음
김동광 · 권복규 옮김 / 한길사
자료로 쓴 과학문명사 책 중에선 분류와 흐름이 가장 좋았습니다.

과학의 역사 1, 2, 3
J.D 버날 지음
김상민 옮김 / 한울 출판사
조금 어렵지만 성실하게 과학의 역사를 다룬 책입니다.

과학의 역사 1, 2
스티븐 에프 메이슨 지음
박성래 옮김 / 까치글방
이 책도 조금 어렵습니다. 하지만 다른 책들과 비교하면서 보기에 좋았지요.

청소년이 꼭 알아야 할 과학문명의 역사 1, 2
히라타 유타카 지음
이면우 옮김 / 서해문집
그림 자료가 많아서 좋고 내용도 매우 잘 정리된 책입니다.

인류의 진보와 지식의 역사 1, 2
찰스 반 도렌 지음
홍미경 옮김 / 고려문화사
과학의 역사라기보다는 좀 더 광범위한 내용이긴 하지만 사람들의 생각의 발전을 뒤쫓을 수 있답니다.

사람이 알아야 할 모든 것 - 과학
존 그리빈 지음
강윤재 · 김옥진 옮김 / 들녘
중세 이후의 과학사에 대해 꼼꼼하고 재미있게 다룬 책입니다.

과학의 역사
허버트 버터필드 지음
이정석 옮김 / 다문
몇 가지 논문 위주로 되어 있는데 관점이 독특했습니다.

쉽고 재미있는 과학의 역사
에릭 뉴트 지음
이민웅 옮김 / 플리오
정말 쉽게 과학사를 풀어낸 책이죠. 그 대신 간단하기도 합니다!

재미있는 과학 이야기
박성래 지음 / 서해문집
이 책도 쉬워서 중학생들이 읽어도 좋을 듯하네요.

과학문명사
권석봉 · 고경신 · 이종권 지음
중앙대학교 출판부
대학 교재이니만큼 사전 공부가 필요한 책입니다.

이 외에도 여러 책에서 참고를 했으니 다른 책들도 더 찾아보세요.

197

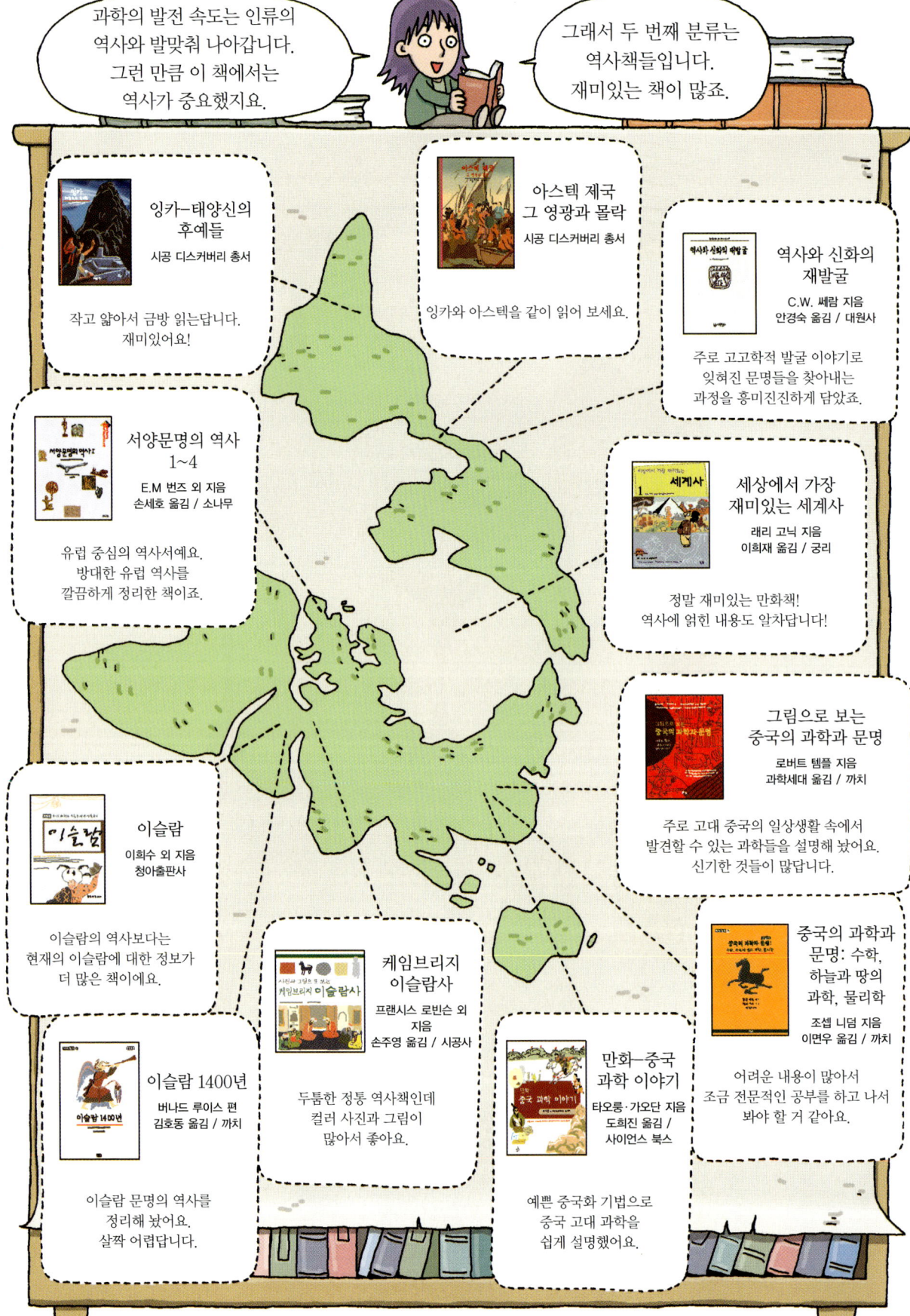

과학의 발전 속도는 인류의 역사와 발맞춰 나아갑니다. 그런 만큼 이 책에서는 역사가 중요했지요.

그래서 두 번째 분류는 역사책들입니다. 재미있는 책이 많죠.

잉카-태양신의 후예들
시공 디스커버리 총서

작고 얇아서 금방 읽는답니다. 재미있어요!

아스텍 제국 그 영광과 몰락
시공 디스커버리 총서

잉카와 아스텍을 같이 읽어 보세요.

역사와 신화의 재발굴
C.W. 쎄람 지음
안경숙 옮김 / 대원사

주로 고고학적 발굴 이야기로 잊혀진 문명들을 찾아내는 과정을 흥미진진하게 담았죠.

서양문명의 역사 1~4
E.M 번즈 외 지음
손세호 옮김 / 소나무

유럽 중심의 역사서예요. 방대한 유럽 역사를 깔끔하게 정리한 책이죠.

세상에서 가장 재미있는 세계사
래리 고닉 지음
이희재 옮김 / 궁리

정말 재미있는 만화책! 역사에 얽힌 내용도 알차답니다!

그림으로 보는 중국의 과학과 문명
로버트 템플 지음
과학세대 옮김 / 까치

주로 고대 중국의 일상생활 속에서 발견할 수 있는 과학들을 설명해 놨어요. 신기한 것들이 많답니다.

이슬람
이희수 외 지음
청아출판사

이슬람의 역사보다는 현재의 이슬람에 대한 정보가 더 많은 책이에요.

케임브리지 이슬람사
프랜시스 로빈슨 외 지음
손주영 옮김 / 시공사

두툼한 정통 역사책인데 컬러 사진과 그림이 많아서 좋아요.

만화-중국 과학 이야기
타오룽·가오단 지음
도희진 옮김 / 사이언스 북스

예쁜 중국화 기법으로 중국 고대 과학을 쉽게 설명했어요.

중국의 과학과 문명: 수학, 하늘과 땅의 과학, 물리학
조셉 니덤 지음
이면우 옮김 / 까치

어려운 내용이 많아서 조금 전문적인 공부를 하고 나서 봐야 할 거 같아요.

이슬람 1400년
버나드 루이스 편
김호동 옮김 / 까치

이슬람 문명의 역사를 정리해 놨어요. 살짝 어렵답니다.

세 번째 분류는 개별적인 정보를 얻기 위해 참고한 책들입니다.

페이퍼 로드

진순신 지음
조형균 옮김 / 예담

동서 교역의 중요한 계기였던
종이에 대한 내용이죠.
재미있어요.

거의 모든 것의 역사

빌 브라이슨 지음
이덕환 옮김 / 까치

다양한 과학의 이모저모.
만화경 같은 과학의 모습을 보세요.

신화 속으로 떠나는 언어여행

아이작 아시모프 지음
김대웅 옮김 / 웅진

서양 언어와 학문에서 신화가
어떻게 활용되고 있는지 알려 준답니다.

먹거리의 역사

마귈론 투생 사마 지음
이덕환 옮김 / 까치

먹을거리 덕분에 때론 역사가 바뀌기도 한답니다.
놀라운 사실이죠?

피타고라스의 바지

마거릿 버트하임 지음
최애리 옮김 / 사이언스 북스

과학사에서 소외되었던
여성학자들에 대한 얘기예요.

하늘의 과학사

나카야마 시게루 지음
김향 옮김 / 가람기획

짧게 쓴 천문학의 역사예요.

재미있는 인류 과학이야기
화학편

A. 서트클리프 지음
황국산 옮김 / 예문당

화학 분야에서의 단편적인 지식들을
모아 놓은 책입니다.

참! 만화다 보니 그림 참고한 책들도 많아서 소개하지 않을 수가 없군요.

비주얼 박물관 60권

웅진출판사

오래된 소품이나 의상들을 사진과 그림으로 편집한 책으로 참고가 많이 되었습니다. 아이들이 보기에도 재미있어요!

거인의 어깨 20권

아이세움

이 시리즈 역시 자세한 사진과 그림으로 도움을 많이 받았지요.

디키 해외 여행 시리즈 **가자, 세계로 독일편, 영국편…**

사진들은 좀 작지만 오래된 건축물을 그릴 때 주로 참고했지요.

서양 건축 이야기

빌 리제베로 지음
오덕성 옮김 / 한길아트

그림 위주라기보다 이론책이지만 책 안의 건물 그림이 훌륭합니다. 더 많은 그림이 없는 것이 아쉬워요.

A PICTORIAL HISTORY OF COSTUME

서양 의복을 그릴 때 주로 참고한 책입니다. 이 책은 입체적인 그림이 좋지요.

RACINETS FULL-COLOR PICTORIAL HISTORY OF WESTERN COSTUME

이 책도 훌륭하지요. 950년부터 1800년대까지의 명화에 나와 있는 복식을 모은 책.

또 헤아릴 수 없이 많은 웹사이트에서도 그림과 내용을 참고했습니다만 일일이 기억하기 힘들어 문턱이 닳도록 다닌 몇 군데만 간단히 소개합니다.

대한민국 국회 도서관 http://www.nanet.go.kr
과학문화 포털 사이언스 올 http://www.scienceall.com
과학동아 http://www.dongascience.com
수학사랑 http://www.mathlove.co.kr
창의세상 http://www.creative.re.kr
코르비스 이미지 http://www.corbisimages.com/
프레스 포토 http://www.pressphoto.co.kr

그림으로 보는 세계사·과학사 연표

BC 2500만 년경
인류가 처음으로
등장하다

BC 7000년경
촌락 생활을
시작하다

세계사

과학사

BC 40만 년경
불을 사용하고
털가죽 옷을 입다

BC 1만 5000년경
농경을
시작하다

BC 3만 년경
낚싯바늘, 활,
창 등 정교한
도구를 사용하다

BC 7000년경
가축을 기르고
토기를 사용하다

BC 3300년경
수메르에서
쐐기문자가
만들어지다

BC 1850년경
바빌로니아에서
함무라비 법전이
만들어지다

BC 221년경
진의 시황제,
중국을 통일하다

BC 4000년경
처음으로 도시가
생겨나다

BC 3100년경
이집트가
통일되다

BC 900년경
올멕 문명이
시작되다

BC 58년경
로마의 카이사르,
갈리아를
정복하다

BC 3000만 년경
이집트, 바빌론,
인도, 중국에서 천문
관측을 시작하다

BC 600년경
텔레스가 처음으로
자연철학을 시작하고,
일식을 예측하다

BC 400년경
데모크리토스가
고대 원자론을
시작하다

BC 325년경
에우클레이데스가
기하학을
집대성하다

BC 2000년경
메소포타미아에서
산수와 시간, 길이
단위를 사용하다

BC 540년경
피타고라스,
피타고라스의 정리를
발견하다

BC 400년경
히포크라테스가
의술을 세우다

1년
예루살렘에서
예수 그리스도
탄생하다

395년
로마제국이
동서로 나뉘다

1206년
몽고의 칭기즈칸,
원나라를 세우다

220년
중국, 위·촉·오
삼국으로 나뉘다

1204년
십자군,
콘스탄티노플을
침략하다

1368년
중국의 원나라 멸망,
명나라가 세워지다

105년
중국의 채륜,
종이를 발명하다

220년경
중국에서 나침반의
원리를 발견하다

1234년
고려에서 세계 최초로
금속활자를 사용하다

1306년
몬디노 데 루치,
사체를 해부하다

BC 220년경
아르키메데스가
부력의 원리를
발견하다

120년경
프톨레마이오스,
『알마게스트』를
완성하다

595년
인도에서
'0'을 발견하다

1300년경
기계시계가
발명되다

1492년
콜럼버스,
아메리카 대륙을
발견하다

1519년
마갈랴잉시가
세계일주를
시작하다

1517년
독일의 루터,
종교개혁을
일으키다

1588년
영국, 에스파냐의
무적함대를 격파하다

1541년
3차방정식의
일반 해법을
발견하다

1543년
베살리우스,
『인체의 구조에
대하여』가 나오다

1590년
네덜란드의 얀센,
현미경을 발명하다

1450년
구텐베르크가
활판 인쇄술을
알리다

1543년
코페르니쿠스가
지동설을 주장하다

1582년
교황 그레고리우스 13세,
그레고리력(태양력)을
제정하다

1600년
길버트,
『자석에
대하여』를
쓰다

1613년
러시아, 로마노프
왕조가 세워지다

1616년
중국, 누르하치가
청을 세우다

1620년
영국의 청교도들이
아메리카로 이주하다

1640년
영국, 청교도혁명이
일어나다

1675년
영국, 그리니치
천문대를 세우다

1688년
영국,
명예혁명이
일어나다

1609년
케플러의
제1·2법칙이
나오다

1632년
갈릴레이,
지동설을
주장하다

1628년
하비, 혈액순환
이론을 발표하다

1665년
로버트 훅,
세포를
발견하다

1662년
로버트 보일,
보일의 법칙을
발견하다

1676년
로메르,
빛의 속도를
계산하다

1673년
레벤후크,
미생물을 발견하다

1712년
증기기관이
만들어지다

1687년
뉴턴, 만유인력의
법칙을 발표하다

1705년
핼리혜성이
발견되다

1775년
미국, 독립전쟁이
일어나다

1789년
프랑스혁명이
일어나다

1804년
프랑스,
나폴레옹 1세가
왕위에 오르다

1752년
프랑클린,
피뢰침을
발명하다

1758년
린네, 생물 분류의
체계를 세우다

1787년
샤를, 기체 팽창의
법칙을 발견하다

1791년
갈바니,
동물 전기를
발견하다

1795년
허튼, 지층의
원리를 알아내다

1796년
제너, 종두법을
만들다

1803년
돌턴, 원자론을
주장하다

1823년
미국, 먼로 대통령
먼로주의를
선언하다

1848년
독일, 마르크스와 엥겔스
「공산당 선언」을
발표하다

1833년
패러데이,
전기 분해의
법칙을 발견하다

1865년
멘델,
유전의 법칙을
발견하다

1895년
뢴트겐, X선을
발견하다

1916년
아인슈타인,
상대성이론을
완성하다

1859년
다윈, 『종의 기원』을
발표하다

1885년
파스퇴르,
광견병 백신을
발명하다

1898년
퀴리 부부,
라듐을 발견하다

1914년
제1차 세계대전이
일어나다

1919년
베르사유 조약이
체결되다

1929년
세계 대공황이
시작되다

1939년
제2차 세계대전이
일어나다

1945년
미국이 일본에
원자폭탄 투하,
제2차 세계대전이
끝나다

1992년
소비에트 연방이
해체되다

세계사

과학사

1929년
허블, 우주 팽창을
발견하다

1953년
왓슨과 크릭,
DNA 분자구조를
밝히다

1961년
가가린, 인류 최초로
우주비행을 하다

1969년
아폴로 11호
달 착륙에
성공하다

1978년
최초의
시험관 아기가
탄생하다

1997년
복제양 '돌리'가
탄생하다